翻轉學

翻轉學

プロセスエコノミー　あなたの物語が価値になる

過程商機

分享AI無法生成、對手難以複製的日常，
即使沒產品也能贏利！

尾原和啓——著　黃文玲——譯

目 錄

目　錄

第 **6** 章　過程商機常見的八大誤區

目　錄

前言
歡迎來到「過程即商品」的時代

　　如今，只憑製造「好產品」，已經無法保證銷售是否可以成功。

　　在網路普及之後，產品資訊得以快速傳播，並容易被複製，導致各種產品和服務變得大同小異，難以區分。人們在購買電視或冰箱時，無論是選擇夏普（Sharp）或東芝（Toshiba）等知名品牌，所帶來的體驗實際上相差不大。

　　人們會漸漸發現，市場上有各式各樣帶來便利且低廉的產品和服務，就算有新產品推出，也不再像以前一樣讓人滿懷期待與興奮。

　　即使某個地方開發出新技術，新興國家的後起之秀也很快會崛起，讓市場陷入激烈的削價競爭。

　　對個人創作者而言，也面臨同樣的挑戰。由於全球各地的人們都能輕易模仿，每當 YouTube 或 Instagram

一有流行的風格，相似的內容便一窩蜂出籠。

你是否也有過這樣的感受？現代社會非常競爭，想在眾多人和產品中，只靠完美的作品要脫穎而出變得越來越困難。在這個即使再優秀人事物也容易被埋沒的時代，一種嶄新的獲利模式誕生了，那就是販售自己的過程，稱為「過程商機」（Process Economy，或過程經濟），因為過程不可複製。

堅持自己的追求、克服各種障礙，最終創造出成品的過程，只能在那一刻親身經歷。為了真正做自己想做的事，創造自己想創造的東西，過程商機將成為強大的武器。

「過程商機」不是我想出來的概念，而是由「00:00 Studio」（零時工作室）創辦人古川健介首次提出，並具體說明，他專門直播創作者的創作過程。

「過程商機」這個詞對有些人來說，也許會覺得深澀或難以理解。

然而，現在閱讀這本書的你，生活中肯定融入「過程商機」的應用。過程經濟的概念跟每個人的未來息息相關，不只適用於特定族群。首先，讓我們參考古川健

介最初發表有關「過程商機」的文章，接下來將逐一解說。

> 為了讓大家可以更容易理解「過程商機」的概念，我們先從相反的概念開始思考，暫時稱為「產出商機」（Output Economy，或產出經濟）。
>
> 「產出商機」是指「過程不收費，產出後收費」的概念。例如：
>
> - 創作音樂過程中無法收費，完成音樂作品後，才進行販售
> - 製作電影過程中無法收費，拍完電影後，才開始賺錢
> - 烹飪過程中無法收費，做好料理後，才開始銷售
>
> 銷售方法可以直接向消費者收費，也可以透過電視廣告等方式收費，無論哪一種，都屬於「產出商機」。事實上，這就是普羅大眾熟悉且非常普遍的商業模式。
>
> 在「產出商機」的時代，最重要的是什麼？那就是產品的品質、價格和行銷策略。簡單來說，就是生產優

質的產品，提供合理的價格，透過合適的方式推廣和傳播，讓大家知道產品的存在，再賣到消費者手上。

為了實現這個目標，廠商都想盡辦法生產高品質、價格實惠的商品，藉由廣告和口碑等方式打響知名度，在市場上流通，讓消費者可以輕鬆買到。

然而，隨著各方面的提升，產品差距變得越來越小，這就是當前的現狀。像是 20 年前的餐飲業，品質參差不齊，有很多不好吃的餐廳。

因此，人們通常會選擇去口碑比較好的連鎖餐廳用餐。但現在，無論你走進哪家餐廳，幾乎很少踩雷。我認為，有兩個原因：

第一個原因是，拜網路發達之賜，餐廳經營方法、料理製作技巧等資訊在網路上流傳，有助於提升餐廳水準的資訊變得容易取得，自然帶動了餐廳的整體素質。

溜溜球世界冠軍布萊克（BLACK）是我的好友，他說：「自從 YouTube 普及以來，全球小孩玩溜溜球的技巧，出現令人難以置信的成長。」在此之前，要學習溜溜球，相關知識只會局限在特定的社群，因此無法有效提升程度。但隨著 YouTube 的出現，世界級技術變得人

人都可以隨時隨地觀看，一下子擴大了學習者的視野，溜溜球的技巧也得以流傳。

這種狀況也出現在音樂領域，即使是業餘作品，也有不少作品展現出相當高的水準。在 Twitter 上，業餘漫畫家的畫功也非常出色。這些現象顯示，產出的品質不斷提升。

另一個原因是，口耳相傳的速度變得更快。

以餐飲業為例，消費者能透過美食評論網，迅速找出評價差的餐廳，避免光顧，使這些餐廳很快被市場淘汰。這種情況在其他產業也看得到，例如服務或品質差的評價很容易擴散，就算行銷或物流再強，一旦產品不夠好自然就被淘汰，我想這樣的例子相當普遍。

這兩大因素使得大部分領域的產出品質都在提升，換句話說，要實現差異化變得非常困難。因此，若只想靠品質取勝，已經不太可能發生。如果產品差異不大，相對來說，在市場宣傳、物流和打造品牌等方面需要花費更大成本，加劇市場不平等發展，優勝劣汰，即使產品再好，也可能無法在市場中脫穎而出。

此外，消費者也開始認為，「幾乎所有產品的品質

都不錯,所以不必太挑剔。」在這種情況下,生產過程變得相對重要。為什麼越來越多人考慮產品過程呢?我認為,當「產出商機達到一定的規模後,商品的差異化就只剩下過程了」。舉例來說,翻開流行雜誌,現在主流趨勢之一是永續話題。消費者關注那些有地球環保概念且生產過程謹慎的產品。越來越多人避免購買雇用廉價勞工、開發中國家剝削勞工的產品或造成環境汙染的服飾。

現在,無論是快時尚或知名品牌,服裝品質變得越來越好,所以對於不太講究品質的人來說,兩者之間的差距變得越來越小。即使詢問時裝專家的看法,他們也會說:「優衣庫(Uniqlo)3,990 日元的牛仔褲和 Levi's 超過 1 萬日元的牛仔褲相比,品質沒有太大的差別。」

因此,服裝製作的過程或過程中的故事變得相對重要。由於產出的產品之間的差異逐漸消失,如果想要創造商品的價值,那麼就必須重視過程。如果過程有了價值,過程本身不就可以創造商機嗎?於是,這種商業模式開始發展。

舉例來說,如果是一位漫畫家,比起販售漫畫,不如採用「現場直播漫畫家做畫的過程,讓觀眾打賞」的

模式。

其實，這種做法一直以來都有，像是很久以前有類似的選秀節目《五花八門淺草橋》（*ASAYAN*），現在最熱門就是日韓選秀節目《Nizi Project》，還有紀錄片或電影花絮也算是把過程產品化的形式。所謂「過程商機」，就是這類的經濟模式會更盛行。

像是《五花八門淺草橋》或《Nizi Project》的節目，具有「把紀錄片節目化」的性質，也就是「包裝過程後產出」。

我認為，隨著網路和社群平台的普及，「單純展示製作過程的行為」，都可能創造商機。為什麼我會這麼說，那是因為「互動交流，是最強而有力的內容」。

日本影像創作者高城剛曾說：「對女高中生而言，最難以抗拒的就是來自男友的訊息。」當時電子郵件剛開始普及，我認為這句話一針見血，因為人與人之間交流，非常具有價值。

日本網路公司 DeNA 旗下的 Pococha 或 SHOW-ROOM 等影音直播平台，就是一種過程商機。鏡頭的另一側有人在，並且即時與觀眾互動，這樣的過程非常具有價值。DeNA 期待 Pococha 的營收能和遊戲業務旗鼓

相當,似乎也是可以理解的。

因此,採取直播的方式,公開整個過程,就會給網友一種與直播主有所連結的感覺,發表評論時直播主能立即給予回饋的話,收看的粉絲肯定會相當開心。

過程商機的三大優勢

若要說過程經濟有什麼優勢,最主要有以下三點:

• 產品完成之前,就能賺錢

比方說,花了一年時間投入商品製作的創作者,一整年沒有收入,這樣的情況很可能發生。對還沒什麼知名度的創作者而言,生活會非常辛苦。

製作出來的商品,究竟能不能獲利還是未知數。雖說商品是花了一年的時間製作,卻有可能無法回本。如果在製作過程中就能收費,當創作者計畫花一年的時間進行大挑戰,這時若有人願意支持他,多少會讓創作者的生活比較穩定。

前述最成功的案例,要算是日本搞笑團體 King Kong 的成員西野亮廣。他的線上沙龍(Online Salon)有 7 萬名會員,每個月的會費約 1,000 日元。估計一年就能收

到約 8 億日元的會費，他就能把這筆錢用在從事創作的相關活動中。

例如，西野花了 5,000 萬日元購買土地建造美術館、拍攝 MV……過去，光靠一個人的力量無法嘗試的挑戰，現在都能辦到了。

創作過程受到奧援，得以進行各種挑戰，朝大目標前進。與其為了生活從事沒有特色的工作，不如進行一些眾人沒有見過、具有創意的挑戰，並從中孕育出有趣的作品。

• 可以排解寂寞

從事創作工作的人，大多都是一個人工作，自然會感到孤獨。漫畫家、插畫家等職業尤其如此。因此，肯定多少都會想和其他人有些聯繫。

創作者公開創作的過程或是在工作中進行直播，可以讓網友觀看自己工作的模樣或收到大家的評論，這樣的連結多少可以排解創作者的孤獨感。

• 增加長期支持自己的粉絲

如果最後產出的成品都差不多，那麼更容易讓民眾

> 產生情感寄託的產品會是最後的贏家。因此，如果想要製作某項作品，願意幫創作者分享相關資訊讓更多人知道的話，作品被購買的機率自然就增加。
>
> 　　網友從製作的過程得知商品的相關資訊，不會只是單純消費或忘記產品，說不定還有可能成為長期支持創作者的粉絲。
>
> 　　這也是為什麼 CAMPFIRE 等群眾募資平台會受到關注，因為能夠建立重要的合夥關係。

　　讀到這裡，我想從來沒有聽過「過程商機」這個概念的讀者，已經察覺到自己日常生活中的某個環節，其實也跟過程商機有關。

　　或許是透過群眾集資平台支持某人的創作過程，或是自己本身也有在社群平台分享產品的開發過程，客戶和粉絲人數因此而變多。

　　我想應該沒有人可以無視「過程商機」，只靠產出商機就能生活。大多數的人在生活或工作中，會自然而然把「過程商機」融入其中。

　　儘管如此，每當提到「過程商機」的話題時，還是

有人會皺著眉頭說：「這是什麼旁門左道。」

的確，若是從過往的銷售方式來看，利用過程賺錢，或是在上市前公開商品的製作過程，藉此製造話題，有人可能會認為這不是正途。所謂的買賣，是要先默默努力，等到做出滿意的成果後，才公開推出，有這種價值觀的人應該不少見。

然而，未來有許多商業形式，透過收費或分享過程本身，建立初期的粉絲並擴大忠實的社群，這將會變得更加重要。

隨著社群媒體的普及，資訊和內容呈現爆炸性成長。不光是名人或網紅，任何人都可以推銷自己的工作、服務或產品。在億萬的網路人口裡，如果只告訴大家「我做了某項產品」是不夠的，很容易被淹沒在眾多的資訊中。

再次強調，現在是個人和商品都會被埋沒的時代。在這種競爭環境下，透過與他人共享過程，只要能擁有熱情的粉絲，就算人數不多，也能成為自己脫穎而出的最大武器。

我長期關注網路的發展和未來的趨勢，我將在本

書中，把谷川健介提出「過程商機」的嶄新概念延伸發展，探討各個層面，並且以容易理解的方式加以說明，希望這樣的做法能對讀者有所幫助。

大多數的人就算知道過程商機很重要，卻不知道該從哪裡著手。

要讓過程具有價值，創作者必須帶入故事，告訴大家自己是基於什麼樣的原因這麼做（Why），這一點非常重要。

還有，**創作者一個人的能力有限，將網友視為粉絲，讓他們成為第二創作者，提升量能是必要的。**

只要粉絲組成一個社群，每位粉絲所孕育出的新故事，將更有助於提升社群的量能，吸引更多新夥伴加入。如此一來，就會有許多的故事誕生，然後又吸引更多的新夥伴加入⋯⋯這樣的架構會累積價值，逐漸拉大和其他企業或服務的差異。

投資語音社群 Clubhouse 的創投公司安德里森・霍羅威茨（Andreessen Horowitz）曾發表過這麼一句話：「Community takes all.」（控制社群者全拿。）

在「過程商機」之前的時代，則會說：「Winner

takes all.」（贏家全拿。）

被稱為是贏家吸引使用者，使用者吸引商業夥伴，商業夥伴又吸引使用者，做為贏家的先驅者獲得利益，這樣的循環是過往的獲利模式。

換句話說，先驅者要比任何人都早一步掌握利益，決定商業的趨勢。但在過程經濟的時代，網友社群化並吸引新的網友加入，這樣的循環才是最重要的。

對孕育出新服務的企業家或是挑戰新型態創意的創作家來說，理解過程經濟的脈絡至關重要。

我會這麼說，是因為就算有了完美的想法和點子，在化為產品變現之前，很多人就已經耗盡全力。

另外，當現有的商業模式出現了瓶頸，或是和同業之間陷入了無利可圖的削價競爭，對這樣的企業或是個人而言，過程經濟應該是一種嶄新的獲利模式。

與商品本身價值無關的宣傳活動、無論怎麼賣都無法獲得合理收益的削價大戰，為了不被捲入這些紛爭之中，應該要藉由分享過程建立一群真正的粉絲。

本書也將會預想過程商機的未來樣貌。當過程商機的想法或價值觀開始生根發芽，企業、社會或個人會有

什麼樣的改變呢？

　　不是從目標往回倒數再快速往前的生活方式，而是每天都能滿懷喜悅向前邁開步伐，順從自己每個瞬間的想法，有應對彈性。

　　在驟變的時代裡，或許這種做法比較符合時代趨勢。

　　本書的內容，納入了包括古今東西及日本尚未翻譯的相關理論，在書本進行校對階段時，我收到來自兩個人看完此書的感想。首先是前文提及的西野亮廣，他以「超級空中戰」來形容；日本趨勢大師山口周則表示：「作者的洞察能力讓我讚嘆不已，這將促使許多組織與人才的根本性思考和行動模式產生改變。」

　　文章裡，有很多外來語和英文，希望這些文字就像組合樂高積木一樣，經由組裝變成各位的武器，就算有看不懂的外來語和英文也不要停下來，繼續往下閱讀，請試著享受從未知裡看到未來的這個過程。

　　如果讀者能藉由本書，接收到新的資訊，還可以正向思考，這是我最大的榮幸。

第 1 章

為什麼過程能夠
產生價值？

01

不飢渴世代的誕生

為什麼過程能夠跟產出的作品一樣具有價值呢？
因為比起完成品之間的微妙差異，前者可以看到生產者
的臉孔，並且共享製作的所有過程，這樣的方式更具有
魅力。

在現在這個時代，所有的資訊都可以透過網路與所
有人共享，商品的品質將越來越難出現明顯的差異。

就如同我在前言所點出的觀點。

除了前言所提到的內容，在此我還想要談論另一
點，那就是年輕世代價值觀的改變。

四年前，我寫了《動機革命：寫給不想為了錢工作
的世代》這本書。在書中，我用了「不飢渴世代」這個

字，論述年輕世代的價值觀改變。

簡單來說，30 歲以下的「不飢渴世代」，他們出生在一個「什麼都有」、物質充裕的年代。

家家戶戶都有生活必需的家電，從小就接觸電腦或手機等 3C 產品，休閒娛樂的方式也相當多元又充實，從來沒有體驗過物質上的匱乏。

另一方面，在那之前的時代出生的人，則是屬於「飢渴世代」，因為當時的社會「什麼都沒有」。

02

不飢渴世代重視的 「幸福三要素」

　　美國心理學家馬丁‧賽里格曼（Martin E. P. Seligman）提出「幸福五元素」的概念。

　　這五元素分別為：成就、快樂、良好的人際關係、意義與目的、專注。

　　生於飢渴世代的這群人在工作時，最重視前面這兩個元素，也就是「成就」與「快樂」。他們非常努力工作，追求獲得高酬勞或晉升的「成就」，同時享受美食與物欲帶來的「快樂」。

　　被冠上「成功人士」的頭銜，過著高人一等的富足

生活，對他們來說這就是幸福。

但是不飢渴世代的這群人生在一個「什麼都有」的年代，因此不會把成就和快樂放在人生最重要的位置。因為他們對這兩個元素沒有太多的渴望。

比起這兩個元素，他們更重視的是精神上的元素。

換句話說，「**良好的人際關係**」、「**意義與目的**」、「**專注**」這三項，才是不飢渴世代所認為的幸福價值。對他們而言，精神層面要比物質更具有價值。就某個意義而言，這或許是一種奢侈。

即使是必要的消費，滿足物質欲望、想要到手令人稱羨的東西，這並非是他們的價值觀。他們在消費時，只會選擇那些自己打從內心喜歡的商品，以及對某個企業願景或生產者的想法產生共鳴的商品。

就結果而言，不飢渴世代不光只是單純消費產品，而是開始感受到了共享製造過程這件事是有價值的。

03

「有意義」勝過「有用」

　　山口周以另一個觀點，談到了年輕世代價值觀的改變。

　　他在自己的著作《成為新人類：24 個明日菁英的嶄新定義》中，點出了今後的社會，**「有意義」的價值勝過了「有用」**。換句話說，生活必需品這樣的有用商品，其價值遠遠不如那些能讓消費者活出屬於自己的人生、帶給使用者特別意義的商品。

　　我引用一段書中的內容：

> 　　便利商店的貨架管理極其嚴格，並非只是單純將商品陳列在架上那樣簡單。因此，像是剪刀或釘書機類的

文具用品，幾乎只會放一個種類。不過，顧客卻不會因為這樣有所抱怨。

像這樣進行嚴格貨架管理的便利商店，其實也存在著一種品項有超過 200 種類的商品，那就是香菸。

剪刀或釘書機只放一個種類，但香菸卻放了超過 200 種。為什麼會出現這樣的情況，那是因為香菸屬於「沒有用但有意義」的商品。

一個品牌所擁有的獨特故事，是無法被另一個品牌取代的。

對愛抽七星香菸的人來說，七星這個品牌無可取代，是獨一無二的存在。由於消費者情有獨鍾的故事非常多樣，因此香菸的品牌也跟著多樣起來。

還有這樣的例子。

那就是汽車業提供的價值市場，具體來說可以利用圖表 1-1 的架構來研究。

按照汽車業提供給客人的兩個價值軸，先將市場整理成圖表 1-1 的架構。

所謂的兩個價值軸，分別為「有用／無用」及「有意義／無意義」。

圖表 1-1　汽車產業提供的價值市場

	無意義	有意義
有用	豐田 日產	BMW 賓士
無用		法拉利 藍寶堅尼

資料來源：【山口周】蘋果是怎麼成了「文學」（アップルはいかに「文学」になったのか），http://diamond.jp/articles/-/208503

　　換句話說，「有用」的產品只需要出一個種類就可以了，很容易以價格決勝負，贏家全拿。

　　相較之下，像法拉利這種屬於「有意義」的車款，因為數量稀少容易產生價值，因此售價昂貴，還有各式各樣的種類可以選擇，非常多樣化。

　　藉由這兩個例子，我們可以了解有用的東西只要一種就足夠了。

　　在便利商店裡，完全不需要第二好用的剪刀、第三好用的剪刀。

　　如果需要混和電動車的話，只要有豐田普銳斯（Toyota Prius）這個選項就可以了。客人並不需要第二個普銳斯、第三個普銳斯。功能性優異的商品，只要有

一個就夠了。

所以我才會說贏家全拿。

不過，如果選擇的不是商品的樣式或功能，而是有
沒有故事，那麼這時商品不是只有一種也沒關係。或者
應該說，這時的選擇會是多樣性且價值相當高。

舉例來說，藍寶堅尼的車子一點功能性也沒有，下
雨天不能開出門、鷗翼車門也不好開關、無法載運行
李、看不到後方等，車子的缺點多到數不完。

但是，藍寶堅尼的售價動輒要上千萬日元甚至到數
億日元，儘管這樣的車子非常不實用，但價值超高。為
什麼會這樣呢？因為開這樣的車是有意義的。

換句話說，商品就算沒有用，但只要有意義，市場
價值就會水漲船高。

這段內容，清楚描述了現代人價值觀的變化。

在如今這個社會，「有意義」的商品其價值遠遠高
過「有用」的商品。那麼我們在行銷商品時，應該採取
什麼樣的策略呢？

就如同山口周在書中所寫的，以「有用」為目標

的話，全世界的冠軍寶座只有一張。那麼你的目標是要爭奪這張椅子？還是不以冠軍為目標，轉而重視「有意義」這個元素？

商品或服務，要在市場上能夠生存，只有兩極化這條路可走，不上不下的中庸商品或服務，一定會被淘汰。

所以，如果以「有意義」這個元素為目標，那麼與消費者共享過程、傳達意義的過程商機，就扮演了很重要的角色。

成為全球高品質，
還是在地低品質？

「有用」和「有意義」的分類方式，讓價值出現了兩極化，不上不下的商品將會逐漸消失。

在全世界相當活躍的日本藝術家，同時也是數位藝術團隊 tema Lab 創辦人豬子壽之，曾用「要選擇全球高品質還是在地低品質」來說明這種現象。

我想要引用《GQ JAPAN》這本雜誌 2014 年 7 月份的部分內容，這是豬子壽之為雜誌寫的連載文章，儘管距離現在有段時間，但我認為這是任何人今後在工作時，都會意識到的事情：

　　我認為今後的都市，將分成在世界上有競爭力的層級，以及擁有堅強社群的層級。

　　此話怎麼說呢？網際網路的出現消除了國與國之間的界線，內容產業、商品、服務，這些是本地生產還是進口，民眾已經沒有這樣的意識，只會選擇世界上最優秀的品質。

　　外銷全球的商品，其行銷市場自然放眼全球，因此必須投注大量資金。簡單來說，就是得要投入更多、更多的錢用來提高品質。

　　而在地銷售的商品，就算品質再高，只要達不到世界的品質標準，也只能做在地的生意。因此，相較於前者，用在提升品質的金錢自然會比較少。這樣的商品與被全球接受的高品質商品之間，出現了質的差異，也就越不可能被全球市場所接受。

　　另一方面，網際網路讓社群的建構和參與變得更加容易，而且規模也變大了。

　　因為社群的規模變大，於是可以在自己所加入的社群中，選擇想要的內容產業、商品或服務。

　　在網際網路還沒問世之前，社群的規模較小，想要在社群當中做選擇，現實上來說是困難的。

　　網際網路的問世，讓社群的規模很容易便能擴大，從自己所認識的人或該位友人所做的東西當中，挑選自己所喜歡的。

　　更進一步來說，內容產業、商品或服務「想要和社群成為一個組合」，換句話說就是「想和社群成為一個組合後一起提升價值」。

　　不光是內容產業、商品、服務等的產出，就連完成的過程或是誰做的，還有在社群內的溝通，這些事情都會有價值。

　　前述這些跟品質是完全不同的價值。因為社群存在著其他的價值，這也使得市場價格所要求的品質不是首選，因此就算價格較貴也能成交。

　　而站在提供商品的角度來看，也因為社群存在著其他的價值，提供者對於能參加社群也感到開心，因此商品的價格有時會比市場上便宜非常多，甚至會免費提供。也就是說，社群裡的交易有時候可能會出現非正規的經濟模式。

　　另一方面，很多高品質的層級，因為要持續在世界上占有一席之地，面對世界性的競爭，工作更加賣力。因為整個世界都是市場，必須得要到世界各地去。

（中間省略）

在地高品質的商品終將消亡，整個消費市場將會由沒有社群分眾的全球高品質商品，和擁有社群的在地低品質商品組合而成。這兩者不會有交集，而是更加壁壘分明，對社會的影響力也更為強烈。

無論如何，為了明日的生存，或許我們必須要盡快放棄在地高品質的模式，選擇全球高品質的模式，抑或是在地社群的模式。

豬子壽之在內容裡所點出的重點是，我們為了生存，鎖定的目標唯有全世界的任何人都認可的高品質，或是想要購買朋友所製作的商品，也就是在特定的社群中，獲得熱情支持的在地低品質的這兩種選項，沒有不上不下的第三種選項。

也就是說，如果選擇前者，必須要有大量的金錢和人力資源，才足以在這場權力遊戲中獲勝。

如果不是以前者為目標的話，就必須讓過程或社群和品質產生互補，並透過這個互補的過程取悅參加者。你們認為應該要以哪個為目標呢？

　　當然，這個問題沒有正確答案，完全依據企業或是個人的目標設定。如果是以後者為目標，那麼正確地理解過程商機，這一點非常必要。

05

滿足歸屬感的消費活動

　　在理解過程商機的重要性後，接下來我們要更進一步思考，個人是為了什麼目的而消費。

　　現在的消費者在購物時比起物質層面，更重視精神層面。比起「有用」，「有意義」的商品更具有價值，這一點我在前面已經充分地說明過了。

　　進一步而言，消費者開始會為了支撐自己的身分，選擇購買滿足歸屬感的商品品牌。

　　為什麼我會這麼說呢？主要的原因是社群在真實的世界裡消失。九〇年代以後的三十年間，住在大都市裡的人不知道隔壁鄰居的名字和長相，這可是人類史上首度出現的狀態。

在那之前的人們，在自己出生的土地上，與他人相互扶持地過生活。

可能會遇上超出預期的天然災害和危及生命的傳染病，又或是發生糧食危機。在那樣的情況下，靠著左鄰右舍的相互幫助，使得生命可以延續下去。

就算沒有特殊的欲求，人類迫於需要，自然會認同自己所生活的這塊土地，成為該地區社群的一分子。

反觀現在，就算不知道隔壁鄰居的名字或長相，生活上也不會有什麼任何困擾。相反地，如果和左鄰右舍處不好的話，反而容易產生和鄰居發生糾紛的風險。

如果在網路上遇到奇怪的人，換個地方是輕而易舉的事情；但在現實世界裡，想要搬家可沒這麼容易。

於是，人們逐漸不再和左鄰右舍往來。大都市裡，雖然說住家非常密集，但隨時都可以聚集眾人的真實空間，慢慢也就不存在了。

就像和鄰居往來一樣，上班族所屬的地方也就是公司，其機能也慢慢變淡了。

現在，如果聽到像「職員就像家人」、「全體職員同心協力一起加油」這樣的話，恐怕會遭來批評說這是

職場霸凌。因為比起隸屬於企業的職員，更應該尊重的是每位職員個人生活。

終身雇用制度在日本正逐漸瓦解，從事副業或轉行，對上班族來說已是家常便飯，職員不再對公司抱有歸屬感。

小家庭越來越多是不爭的事實，本來滿足個人身分的三大所屬對象：1. 家庭；2. 鄰居；3. 公司，都慢慢變淡。滿足「想要屬於某個團體」這樣的歸屬感，轉而出現在消費活動上。

06

身處不安的時代，
驅使追求個人品牌

　　《一流藝人品鑑中》是一個日本朝日電視台每逢過年都會播出的人氣新春特別節目。節目中，製作單位會讓來賓盲測試喝，比較一瓶價值數萬日元的高檔紅酒和一瓶只要數百日元的超商紅酒；或是讓來賓盲測分辨一把數億日元的史特拉底瓦里琴[*]和學生使用的廉價小提琴，兩者在音色上有何差異。到底 A、B 哪一個才是正確答案呢？

　　自以為 B 是正確答案的藝人，打開 B 側那扇門

---

[*]　史上最偉大的製琴師史特拉底瓦里（Antonio Stradivari）所製的小提琴。

時，發現房間裡沒有任何人，其他來賓都在答案 A 的房間裡。此時，內心就會產生「什麼，我的判斷是錯誤的嗎？」這種不安的情緒。

去爬山時，大家都往右走、只有一人選擇往左走的情況是相當少見的。就算走錯路了，但因為有很多人跟你一起走，所以不會感到害怕，可以安心繼續往前走。

大學的同學裡，大家在高中時代的成績和偏差值[*]都差不多。無論是選擇外語學院或理工學院，同學之間的興趣或嗜好也都差不多。

通常，我們生活在與自己類似的社群中，與類似的人來往，但是《一流藝人品鑑中》這個節目，卻突然打破這種平衡，藝人感到不安成了這個節目的賣點。

在過去的社會，每個人所屬的社群，成員彼此擁有相同的價值觀，就職的企業和生活水準也差不多。在面對選擇時，就某種程度而言，選項也都確定了。

但是在現今這個社會，公司已經不再是個社群，人生的選項也不像以前那樣明確。

---

[*] 相對平均值的偏差數值，是日本人對學生的智力和學力的計算公式值。

當遇上必須自己做出選擇的時候，便會被深不可測的不安所驅使，想知道：「這個選擇是正確的嗎？」

世界慢慢變得富裕，需要擔心明天有沒有飯吃的貧窮國家越來越少。

但也正因為不愁吃穿，才能面對精神層面的問題。「自己就這樣下去可以嗎？」「自己是為了什麼而工作？」「自己生存的目的是什麼？」這些茫然不安與煩惱，就像漩渦圍繞著自己。

在這樣的時代背景之下，也成為追求個人品牌的理由之一。

07

「信眾商機」的真面目

　　在高度經濟成長期之前的日本，人們過著非常辛苦的生活，任誰也無法想像未來會是如何。

　　不只如此，生活在一千年前、一千五百年前的人們，應該也看不見未來。宣揚「偉大故事」的宗教，成為懷抱著不安情緒人們的精神支柱。

　　空海（弘法大師）所創立的真言宗有「同行二人」的思想。意思是當巡禮者以步行的方式到西國三十三所靈場*巡禮時，看似獨自一個人，但其實是兩人。

　　巡禮者的身邊，有弘法大師陪同一起。人生的這場

---

*　位於日本近畿2府（大阪府、京都府）4縣（奈良縣、和歌山縣、兵庫縣、滋賀縣）和岐阜縣的33處觀音靈場（寺院）。

冒險旅程，肯定有某個人陪在身旁。當你出現迷惘，不知道是該往右還是往左走的時候，身邊的人會給你安心感。光是這麼想，就能消除內心的孤獨與不安。

但是現在這個社會，無宗教信仰的人相當多，宣揚「偉大故事」的宗教，無法發揮應有的功能。

英文「religion」（宗教）這個單字，來自於拉丁語「religio」（再度連接）。從神的故事中誕生的人類，因為信仰宗教再度與「偉大的故事」有了連接。藉由信仰宗教、上教堂做禮拜，帶來了安心感與歸屬感；因為有了許多與自己相同選擇的夥伴，團結一心的感覺也隨之增加。

在如今這個社會，這個角色由企業來扮演，甚至被稱為「品牌」。

「如果是賈伯斯（Steve Jobs），他會說『你應該去那裡』。」「穿著 NIKE 球鞋的人，會說『這邊更好』。」這些企業品牌提供一種判斷標準，幫助那些面臨人生抉擇的人做出決定，例如：「換個工作也不錯。」「果斷展開新人生這樣比較酷。」

人們在消費時，不光是商品本身，還會以該品牌

所傳遞的理念是否符合自己的生活方式，做為選購的理由。除了輸出的完成品，還共享了該商品的製作過程。

消費者選購商品時，重視的不光是商品的品質，還有對該商品所傳達的信念或理念產生共鳴，進而購買商品以行動表達支持。這樣的行為看在某些人的眼裡，甚至會揶揄說這叫作「信眾商機」。

但是，滿足現代人的歸屬感，照亮人生前進之路的這件事，應該與商品的品質同樣重要，甚至更為重要。

08

世界年輕人「御宅族化」

　　在當今的世界潮流，個人認同的場所，已經從企業移轉到網路上具有影響力的社群。

　　近年來，全世界的年輕人，越來越像日本人。更準確地說，是越來越像日本的御宅族。

　　2015 年，我到 Twitter 公司參觀時，有人問我：「全世界只有日本人，會以同一個人開設多個帳號用於不同的用途，這是為什麼呢？」

　　當時我回答：「在日本，人與人之間的交往會有強烈的同儕壓力，但是在網路上可以擁有與真實世界不同的人格，這麼一來比較容易追求自己喜歡的事物。」

　　然後在 2018 年，當時問我這個問題的人告訴我

說：「在美國，有越來越多年輕人也開始開設不同帳戶，用於不同的用途。」

他們是九〇年代後半出生的 Z 世代，就讀中學時 Twitter 帳號和 iPhone 是標準裝備。換句話說，對這個世代的人而言，與某個人產生連結是理所當然的事。

就連非常重視個人主義的美國人，同儕壓力也越來越強烈。成為社會人士之後，會利用其他帳號追求自己的「喜好」，「御宅族化」可能也是因此才開始出現的？我們曾討論過這個議題。

對現代人的價值觀產生影響的原因，有原生家庭的經濟狀況、父母的價值觀等。但最具影響力的應該是「什麼時候開始在網路上與人產生聯繫」。

團塊二世世代 * 是在成為上班族之後，才首度有了自己的 Email 帳號，開始在網路上與他人產生聯繫。

千禧世代則是在出社會之前，當他們還是大學生時就開始使用網路。因此，他們的價值觀就是「新鮮、快樂的事，都能在網路上找到」。

---

* 指 1971 年到 1975 年出生的日本人。

正因為如此，如果沒辦法上網的話，覺得自己落伍、跟不上潮流的不安感很可能隨之而來。這種情況被稱為「錯失恐懼症」（Fear Of Missing Out, FOMO），是社群疾病的一種。

Z 世代的人在中學時期，因自我意識過強被稱為「中二病」。在這樣的時間點上開始接觸網路，也造成他們將「在網路的世界裡，自己是如何被看待的」做為價值基準。

要如何設定自己在網路世界的人格、希望自己被如何看待，Z 世代的人對這方面的認知能力相當高，這一點也是這個世代的特徵。上網取得自己需要的資訊再正常不過，也因此越來越御宅族化。

另外，他們與千禧世代不同的是，因為經常保持在上網的狀態，如果沒能連上網路也不會產生不安。

這種情況被稱為「錯失的快樂」（Joy Of Missing Out, JOMO），也就是說對於跟不上潮流感到愉快、邊緣厭世的爽快。

比起他們更為年輕的 α 世代[*]，從出生開始網路就已

---

* Z 世代之後的人口群體。

經相當普及。每個網路社群裡的自己，都與真實的自己是不同的人格，這是理所當然的事。另外，他們也很習慣最初遇見其他人的地點並不是在「附近公園裡的某個沙坑」，而是在電玩遊戲《Minecraft》裡與不認識的人在網路上交流。

不只如此，α 世代被說是具有「有機領導能力」。

比方說「要塞英雄」、「漆彈大作戰」等線上遊戲，每次遊玩都要和不認識的玩家組隊或對抗，看誰先達成目的。在這樣的情況之下，是要自己帶領隊伍？還是應該聽從他人的指揮？這瞬間的判斷與遊戲的成敗有著極大的關係。α 世代透過從小反覆練習下判斷，藉此培育出領導能力。

人類與網路的距離會隨著世代不同而改變，越來越靠近過程經濟。

09

讓客戶實現自我的
「行銷 4.0」

讓我們從行銷的觀點思考。

被譽為是「近代行銷之父」的菲利浦・科特勒（Philip Kotler）提出「行銷 4.0」的概念，這個理論非常適合用來思考過程商機：

- 行銷 1.0= 產品為主的行銷→訴求機能的價值
- 行銷 2.0= 顧客志向的行銷→訴求差異的價值
- 行銷 3.0= 價值主導的行銷→訴求參加的價值
- 行銷 4.0= 體驗價值的行銷→訴求共創的價值

　　首先，在初期階段的行銷 1.0，對使用者來說，只要是必需的商品就會很開心。

　　去冰塊店買冰塊降溫，這就是早期的冰箱。當冰塊溶解就失去了保冷的功用。如果能有一年 365 天，一天 24 小時都能冷藏食物的冰箱，自然就能省去經常到冰塊店買冰塊的時間，因此冰箱的確是生活必需品。

　　在高度經濟成長期，因為被套上了「三種神器」的廣告語，讓冰箱、洗衣機、黑白電視機這三項家電大熱賣。廠商會為消費者填補生活中不足的部分，讓顧客感到幸福。

　　在「如果有這樣的商品，生活會變得非常富足」的時空背景下，廠商也以這種商品做為行銷重心。

　　隨著商品大量生產、日漸普及，如果只是單靠行銷 1.0 的做法，商品將越來越難賣出去。

　　經濟上變得寬裕的消費者，越來越以自我為考量，因此會產生類似「我想要的商品跟其他人想要的商品不同」的想法。喜歡自己在家裡來一杯威士忌加冰的人，會想要一台能夠自動不斷製冰的冰箱。

　　飽受花粉、懸浮微粒 PM2.5 之苦的人會認為，家

中的每間房間都要有一台能消除灰塵和細微顆粒分子的空氣清淨機。

商品的銷售不再是以全體群眾為對象，而是改將消費者分類成「愛喝酒的人」、「花粉症者」……針對不同需求的消費者製造商品，這就是所謂的行銷 2.0。

隨著社會越來越富足和成熟，顧客滿足度的型態也出現了改變。

現在的顧客不再只滿足於購買想要的商品，而是會從「商品好用還不夠，企業追求的目標和經營理念很重要」的觀點來嚴格檢視廠商。

在美國，當種族歧視成為社會問題，反對歧視和偏見的企業立即提出聲明。拍攝廣告不是為了銷售商品，而是用來宣揚企業理論：「我們是建構更美好社會的要角」。

如此一來，認同該企業理念的消費者就會去購買商品，或是參加企業所舉辦活動來支持該企業。在這樣的時代裡，如果企業在行銷商品時，無法提出像「打造一個安居樂業的社會」的訴求，那麼商品是無法推銷成功。對企業所提出的理念產生共鳴，進而購買商品，這

就是所謂的行銷 3.0。

科特勒針對未來的市場趨勢，進而提出了行銷 4.0
的概念。商品或服務所具有的「功能價值」已經失去光
芒，「情感價值」或「參加價值」更加閃閃發光。因此
消費者在選購商品時，不光是因為商品或企業的經營理
念，而是會開始思考自己想要共創價值。

所有的服務都是為了讓自己更像自己。這是行銷
4.0 最重要的觀點，消費者不再是被動被滿足，為了建
構一個不丟下任何人的世界，消費者也要參加廠商的活
動，挑戰社會變革。

這就是行銷 4.0 的世界。而科特勒的這項論述，證
實了過程經濟的重要性。

舉例來說，到戶外運動服裝品牌巴塔哥尼亞
（Patagonia）的門市購物時，消費者不會拿到購物袋。
因為該企業的理念是希望所有消費者，一起為環保盡一
份心力。

就某個層面來說，這其實是強制消費者從家裡帶環
保袋來購物。換句話說，消費者因為要去巴塔哥尼亞門
市購物，讓當天的行動有了改變。巴塔哥尼亞的企業理

念是「企業的經營是為了拯救我們的故鄉、地球」,認同這項主張的消費者,自然就會身體力行自帶購物袋,以行動給予支持。

對企業的環保理念產生共鳴,自帶購物袋的這個行動也滿足了消費者願意參與活動的欲望。

科特勒認為在行銷 4.0 的時代,消費者的行動不光只是消費,而是會對企業的理念產生共鳴,甚至願意參與相關的活動。換句話說,消費者開始實際進入過程經濟的範疇,並且感受到過程商機的價值。

圖表 1-2　科特勒行銷理論的發展

	產品為主的行銷	顧客志向的行銷	價值主導的行銷	體驗價值的行銷
	行銷 1.0	行銷 2.0	行銷 3.0	行銷 4.0
目的	商品的販賣與普及	顧客滿足	具有價值的體驗	顧客的自我實現
技術背景	大量生產的技術	資訊通訊的技術	社交媒體	大數據
顧客需求	所有欲望	成長欲望	參加欲望	創造欲望
企業行動	商品開發 4Ps • Product（產品） • Price（價格） • Place（地點） • Promotion（促銷）	用 STP 分析消費者，建立商品差異化 • Segmenting（市場細分） • Targeting（目標市場選擇） • Positioning（市場定位）	品牌與社群	消費者行為 AIDA 模式 • Awareness（認知） • Interest（興趣） • Desire（欲望） • Action（行動）
提供價值	機能的價值	差異的價值	參加價值	共創價值
顧客交流	廣告宣傳促銷活動	官網推銷郵件	參加型社群	共創型社群

資料來源：《哈佛商業評論》日文版（*DIAMOND Harvard Business Review*），〈作為「近代行銷之父」，為解決社會問題賭上生涯〉（「近代マーケティングの父」として社会的な問題の解決に生涯を賭ける），https://www.dhbr.net/articles/-/5381

10

在 6D 之下，
所有的產品接近免費

為什麼過程會比產品更具價值呢？

到目前為止，我提出了以下幾個原因：年輕世代的價值觀改變；比起產品之間的些微差異，消費者更在乎的是，該企業的理念能否引發自己的共鳴；商品的品牌能否滿足歸屬感；能否參與企業的活動等。

接下來我將從技術的觀點來說明，過程之所以具有經濟價值的最大理由。

隨著技術的進步，產品幾乎接近免費，使用者不再花錢購買產品，而是開始把錢花在過程上。

改變的關鍵字就是「6D」。

　　我參考《未來比你想的來得快》（*The Future is Faster than you Think*）這本書。

　　該書的作者彼得・戴曼迪斯（Peter H. Diamandis）在美國西岸的矽谷創立了奇點大學（Singularity University）。

　　彼得・戴曼迪斯在書中提到，隨著人工智慧（AI）的進化，AI凌駕人類智慧的奇點（技術的特異點）時代來臨。在這個能看清動盪時代的「革新者的虎穴」，「一切都成了6D」：

　　① Digitization（數位化）
　　② Deception（欺騙期）
　　③ Disruption（破壞）
　　④ Demonetization（消滅營收）
　　⑤ Dematerialization（消滅實體）
　　⑥ Democratization（大眾化）

　　首先是① 數位化。出版品或是電影等的內容產業，早早就已經進入數位化。以前，書籍只有紙本，如

今可透過在 iPhone、iPad 等數位設備閱讀電子書。

過去，想看電影時，得特地跑去電影院，或是去租借 DVD 或 VHS。但如今只要連結 Netflix 等串流影音媒體 Amazon Prime Video，就能隨時觀賞自己想看的影片。

另外，人類 DNA 上的所有資訊也都可以數位化。其實，DNA 是由四種碳基組合而成：腺嘌呤（Adenine）、鳥嘌呤（Guanine）、胞嘧啶（Cytosine）和胸腺嘧啶（Thymine）。DNA 的測序結果，會讓新藥或疫苗的開發速度有爆炸性的進展。

不過，數位化也不是一口氣就有進展的。

請大家回想一下無現金支付方式剛推出時，當「無現金支付經濟的時代到來」成為話題時，可能很多人並沒有實際的感受，或許在當時是帶著懷疑的心情，覺得反正也不會普及。

不久後民眾突然發現，PayPay 等支付方式能在各種店家使用，而且很快地就滲透到日常消費。像這樣，新技術在被世人接受時的反作用是受到批判。儘管如此，也仍會在檯面下慢慢運作（②欺騙期），最終將

會帶來對既得利益者而言已經難以挽回的大變化（③破壞）。

　　①②③進化的結果，最終會發生④消滅營收、⑤消滅實體、⑥大眾化這三種情況。

圖表 1-3　6D 的指數性成長

2050 年電費不要錢？

蔬菜或水果，就算不是種在戶外也可以生產。比方說在植物工廠，靠著 LED 的燈光取代太陽照射植物，進行栽種。

換句話說，讓 LED 燈泡發光所使用的電力，幾乎可以決定蔬菜的價格。過去因為電費較貴，在植物工廠栽種植物這樣的方式並不普及。

但是現在，太陽能發電的成本越來越便宜。到了 2050 年，太陽能發電的電費，極有可能是現在電費的十分之一。1kWh（1,000 瓦特＝一小時的電量）約 2 日元。換言之，一小時只要花 2 日元的電費就能栽種蔬菜的話，蔬菜的價格將會便宜到令人難以置信。

　　不光是食物，衣服和住所也幾乎是不要錢，為了生存不得不工作的時代，即將就要結束了。老化遺傳基因的存在也正逐步被識別出來，人類將越來越長壽（諷刺的是，我們反而必須開始議論關於「死的權利」）。

　　商品或服務的價格將變得更便宜，甚至不需要花一毛錢，免費發送生活必需品的時代即將到來。

　　當食衣住行都可以免費提供時，人類會對什麼東西感到價值，進而付費呢？

　　到時，**民眾付錢買的不是成品，而是看了商品製作的過程，或是參與了商品的製作後，最終花錢購買你分享出來的製作過程和故事**。

　　這種構造轉變就是④消滅營收。

12

物體將會消失的未來

　　無法靠著成品（物體）賺錢，這樣的情況叫做「消滅營收」，相較於此，成品（物體）消失的話就叫做⑤「消滅實體」。

　　舉例而言，各位所吃的肉，不過就是二十種的胺基酸組合而成的胺基酸集合體。就物理上而言，家中的 3D 印表機就能夠把肉列印出來。

　　以色列已經開發出人工的甜蛋白質，在新加坡的某些餐廳裡，也已經可以吃到用機器培育出的雞細胞所做出的雞肉。

　　再稍微舉個最近的例子，就是智慧型手機的問世。

　　以往出門旅行要拍紀念照時，得要帶「立可拍」、

單眼相機或數位相機出門才行。不過，在 iPhone 具備了照相機的功能之後，任何人都可以透過手機拍照，再也不需要特地帶著相機或底片出門了。

　　過去得要有收音機才能收聽節目，現在利用 stand.fm、Voicy、radiko 等軟體，便輕鬆解決了「沒有機器就不能收聽」的問題。像這樣消滅實體的現象，正在我們身邊進行著。

13

奇點大學的「指數型思維」

對過程商機而言，「6D」當中的第六個 D
（Democratization，大眾化）尤其重要。

隨著軟體化，開會就不用說了，現在就連實際製作
商品，任何人都可以輕易參與。負責本書編務的編輯箕
輪厚介，他所主持的網路文學沙龍「箕輪編輯室」也是
如此。

如果在過去，無論是要製作網頁上的橫幅廣告或
編輯動畫，每件工作都要發包給廠商，非常耗費成本。
而在箕輪編輯室裡，成員們都是非常開心且自發性地
作業。

箕輪不需要給成員費用，都是成員自主舉手說「我

想要做」，主動參與作業。

那些成員並非像是捕蟹船上的船員，被強制勞動。在智慧型手機或電腦上的 App，都可以找到功能充實的動畫編輯軟體，這些作業不是成員的工作，而是利用本業的空檔時間，基於興趣和好玩的心情參加。

就如同我在本章開始時所說的，比起「成就」和「快樂」，不飢渴世代對於工作及酬勞上的追求更重視「良好的人際關係」、「意義與目的」和「投入」這三項。換句話說，做著有意義的工作就像和喜歡的人交往一樣，其本質是一種享受，同時也是幸福的。

像這樣很多人不求金錢上的報酬，輕鬆參與作業，人事成本也會跟著下降。

隨著 6D 的進展，所有的生產成本就能一口氣減少，2035 到 2040 年之間，光靠產出的銷售經濟將會結束。從不久的將來往前推算，現在應該要思考該做什麼才好的時候了。

這也是為什麼奇點大學要教學生「指數型思維」（Exponential Thinking）。

隨著技術和革新，時代成指數型變化，也就是說

出現快速且劇烈的變動。對於這樣的驟變，我們不能只是旁觀羨慕，而是應該要預見時代的轉變，率先採取行動。「指數型思維」的框架就是「6D」。

太陽能發電技術的發達，讓電費降至現今的一半不到，整個世界開始出現急劇的變革，免費革命讓世界出現了翻天覆地的改變。

在這樣的時代裡，想要藉由過程賺錢的想法，格外重要。

在下一章，我將針對過程經濟的本質，以及如何與人類本能的欲求相結合來深入思考。

第 2 章

對過程產生
共鳴的五大架構

14

讓歐巴馬出頭的
「Self Us Now」理論

　　我們在第 1 章針對了過程經濟為什麼會有價值這個問題，就價值觀和技術的變化這兩點進行深入探討。

　　接下來在第 2 章，我們要針對人們對過程產生共鳴的架構進行研究。

　　人們為什麼會對過程產生認同感，甚至到了狂熱的地步呢？

　　2008 年的美國總統選舉，吹起了一股歐巴馬旋風。

　　在當時，大多數的美國人，因 911 恐怖攻擊之後的美阿紛爭和伊拉克戰爭而感到疲憊。歐巴馬在競選

時喊出了，「我們辦得到」（Yes, we can）、「改變」（Chang）等口號，打動了美國人的心。於是在 2009 年 1 月，美國第一位有色人種的總統誕生了。

讓歐巴馬能順利當選總統的頭號功臣是他的選戰參謀、同時也是哈佛大學肯尼迪政府學院高級講師馬歇爾‧岡茨（Marchall Ganz），他將「敘事力量」和「居民組織」這些策略，納入歐巴馬的選戰和演講中。這就是所謂的「Self Us Now」理論。

歐巴馬的演講，不是一開始就讓台下聽眾聽「偉大的故事」，而是從「我的人生是這樣走過來的」和一些「小故事」開始講起。

「身為黑人，一直以來我吃了很多種族歧視上的苦。不過，美國這個國家給了我們自由，才讓我有了今天的成就。吃過種族歧視苦頭的人，發動變革，這是大家都能辦到的事。」

像這樣，他對聽眾訴說了「自己在這裡的理由」（story of self），「我們在這裡的理由」（story of us），「現在應該要採取行動的理由」（story of now），巧妙地將總統候選人的出身這個「別人的故

事」轉變成「自己的故事」，讓群眾可以參與其中。

但是，這個故事跟過程經濟有什麼樣的關聯呢？

藉由「Self Us Now」理論，與選民共享人生的過程，不斷地讓自己的故事與他人的故事重疊。

「我是這樣成長的。」「你現在正走在這樣的道路上。」「我和你有共通點，而這共通點成為了契機，讓眾人成為一體帶來某個改變。」

說出自己的過程（生存方式），並讓眾人共有，就會讓個人的狂熱擴大為集團的狂熱。

光靠一位領導人的輸出，就能在短時間內產生重大的社會變革，事實上並非如此。

不是一個人前進一百步，而是共享過程的一百位夥伴們，每個人往前踏出一步，一起動作。歐巴馬想要改變充滿閉塞感的美國所採取的手法，就是掌握了與眾人共享過程的架構。

日本企業家堀江貴文在寫下《0：歸零，重新出發》這本書時，據說也參考了歐巴馬的這個演講。

「Me、We 和 Now」，也就是「我、我們與現在」，歐巴馬的演講內容採取這樣的架構，因此堀江取

名為「Me We Now」理論。

對選民談自己的出生藉此縮短彼此的距離（Me），發現共通點建立一體感後（We），再說明自己現在想要做的事情（Now）。首先，思考「Me We Now」這樣的內容架構，然後再添加幾個不為人知的小故事。

舉例而言，就「Me」來說，堀江貴文為了讓大家認識自己，於是加入了從童年開始到學生時代住在九州的鄉下地方，這種帶給人親近感的小故事。

另外，就「We」來說，曾經宅在家中足不出戶，而能成功擺脫這種狀態的契機是打工，這種與讀者有共通點的工作也能成為小故事。

堀江之前的著作給人一種「說的話雖然正確卻無法產生共鳴」、「那個人是特別的所以辦得到」等難以親近的印象，因此只能得到部分上班族的支持。但是《0：歸零，重新出發》這本書，藉由「Me We Now」理論，將自己的成長過程與讀者共享，獲得年輕女性以及家庭主婦等不同於堀江過往支持群眾的共鳴，更讓這本書成了暢銷書籍，熱賣四十多萬冊。

15

諾貝爾經濟學獎得主的 「快思慢想」理論

　　本來應該被隱藏的過程卻完全公開，將私人的故事與其他人共享，帶動了更多人進而產生了狂熱。

　　而這個過程經濟的技巧是參考「系統 1」和「系統 2」這個理論。

　　這是由 2002 年諾貝爾經濟學獎得主丹尼爾・康納曼（Daniel Kahneman）在名著《快思慢想》（*Thinking, Fast and Slow*）所提出的理論。

　　人類的行動模式由情感腦（narrative heart）和理論腦（strategy head）負責掌管。丹尼爾・康納曼將情感腦稱為「系統 1」（直覺過程），理論腦稱為「系統

2」（理論過程）。

　　就算是理性有教養的人，也不可能一整天都合乎邏輯地思考、行動。人類要開始行動時，其實順從的不是理論的「系統 2」，而是憑著直覺的「系統 1」來行動。

　　人類要開始一項新變化時，就算列舉出道理或是正確的言論，並以理論腦來研究，也不是那樣簡單。反倒是與他人共享期待的心情，以情感腦的角度來研究更具有效果。然後訴諸於情感腦的並非是邏輯，而是故事、是敘事力量（narrative，也就是話術、說話的口氣）。

　　歐巴馬總統呼籲選民「和我一起行動」，這樣的敘事力量對眾人的感情腦產生了作用，將原本是分散的個人，集結成為一個願景。

16

烙印在顧客心裡的
「品牌故事」

　　會讓大家想要一起冒險的故事或是敘事力量，只有像歐巴馬總統這樣強大的領導才做得到嗎？

　　品牌策略的行銷權威大衛·艾克（David Aaker），在《創造品牌故事》（*Creating Signature Stories*）這本書當中提到，對品牌來說，品牌故事（Signature Story）是最重要的。

　　要提出象徵該企業與服務的突出故事，才能讓品牌深深地烙印在顧客的心裡。

　　而故事的主角不局限是創業者本人，如果主角是員工或是生意往來的對象，甚至是客人的話，更具有真實

性。最重要的這些故事是否與該品牌的「理念或哲學」一致。在充滿各種資訊當中，能夠撼動人心的只有「真正的故事」。因此，描述品牌時需要的不是那些被加工過的杜撰故事，而是從與服務有關的事件當中發掘真實故事，以此打動人心。

故事不只是要「傳遞」出去，而是要「引起交流」，必須讓聽眾在聽了之後會想一起往前邁開步伐。

品牌的故事帶給消費者共鳴，將顧客當作願意一起冒險的夥伴。這些夥伴會開口邀請身邊的人，因而聚集了更多的夥伴，然後大家一起完成一項商品或是服務。

照著這樣的循環，就會朝「社群正是經營戰略的基礎」這個方向前進。以這個社群為根基，支撐其成長的就是具有敘事力量的說故事的人。

另外，在日本廣告界名人佐藤尚之的著作《粉絲的基礎：為了被支持、被愛、被持續銷售》（ファンベース　支持され、愛され、長く売れ続けるために）這本書中提到，要強化粉絲的支持，需要提升三個部分：

①共鳴→狂熱

②黏著→獨一無二

③信賴→支持

　　因為共享過程，最初懷抱的「共鳴」會變得強烈，甚至到達「狂熱」的程度。對品牌產生了「黏著」，非該品牌不可的情感會轉變為「獨一無二」。而被動的「信賴」則提升成為主動的「支持」。

　　像這樣累積的能量，會和「Community Takes All」（控制社群者全拿）產生連結。

驅動過程商機的引擎：
「利他之心」

　　成為驅動過程商機引擎的是「利他之心」。為了個人的私利或私欲，是無法引發別人共鳴的。在想要讓某人開心的這個任務之下，大家彼此相互幫忙、相互協助，然後一起往前走。

　　人類的腦子裡，本來就存在著「想要為了某人行動」的這種利他精神和行動模式。

　　並非是「只要自己好就行了」這樣的利己主義，而是抱持著「就算把自己的事情往後推遲也想要讓別人感到幸福」這樣的想法來行動。在那個瞬間，腦內會分泌一種叫做「催產素」的荷爾蒙。

催產素又稱為「縮宮素」。

人類在出生之後，無法立刻靠自己的力量活下去。新生兒如果不吸媽媽的奶會馬上死掉。當媽媽想著「怎麼有這麼可愛的小孩」、「要把這個孩子養得白白胖胖」的時候，大腦裡會分泌催產素，促使母乳源源不絕地分泌。

更有趣的是，當我們看到有人在幫助他人時，腦子裡就會分泌出催產素。換句話說，**有助於他人的行動，會在人與人之間產生更多的利他連鎖反應。**

Facebook 創辦人馬克‧祖克柏（Mark Zuckerberg）最為人津津樂道的事蹟是他上班從不搭乘配有司機的公司車，而是騎腳踏車，而且他已經宣布未來會放棄數兆日元的存款。事實上，他已經多次捐出好幾百億日元行善，這位年輕富豪正過著利他的人生。

有「鋼鐵大王」之稱的安德魯‧卡內基（Andrew Carnegie），在紐約蓋了一座卡內基大廳，一直以來他對文化與藝術活動都相當支持。此外，他還在美國和世界各地建造了 2,500 間圖書館。

俗話說「虎死留皮，人死留名」，卡內基在 1919

年過世，至今已超過百年。直到現在，他的大名依舊流傳全世界。

當物質欲望和權力欲望被滿足時，就算歸屬感或是認可欲求被滿足，但事實上人並沒有因此而感到滿足，最終會來到「想要為了他人做些什麼」這樣的「最終欲望」。

將每個人的「利他之心」做為驅動力的過程經濟，剛好與人類本質的欲求一致。

日本腦科學家兼醫學博士岩崎一郎在著作《改變人生的大腦鍛鍊》中提到，根據最新的研究，鍛鍊大腦的「島葉」，會使得大腦的反應更具平衡感和協調性，讓這個人的人生更為幸福和富裕。

至於要如何鍛鍊島葉呢？其中一個具體方法就是擁有利他的胸懷。

美國加州大學河濱校區的阿爾曼塔博士（Christina N. Armenta）等人認為，感謝其實有兩種意涵：

- 恩惠的感謝（Doing 的感謝）：對於某人對自己做了什麼、或是某人給了自己什麼，來自這些

行為舉止（Doing）的感謝。

- **普世的感謝（Being 的感謝）**：總是抱持一顆感謝的心（Being），對所有的一切充滿感謝。

前者是基於自我本位來看事情，視野較為狹窄，因此協助者較難增加。後者因保持著一種與四周人有連結的意識，能以較為寬廣的視野來看待事情，引發更多人的共鳴，因此較容易獲得協助者。

換句話說，若從腦科學的觀點來看，以「利他之心」為基礎的過程商機，是一個容易呼朋引伴的架構。

18

海尼根最棒的廣告：
和價值觀不同的人共事

　　過程的共享，比較易於和自己完全不同想法或採取不同策略的人較為親近，並且產生一種「這個人是自己的夥伴」這樣的感覺。海尼根有一個非常棒的廣告，我們可以以此來思考看看。

　　廣告裡，出現了幾位人士。這當中有右翼分子和左翼分子、女權主義者和反女權主義者、跨性別者和反對跨性別的人，還有各持「氣候變遷並非是由人類所造成的」和「如果不採取地球暖化對策，人類將會滅絕」這兩個不同觀點的人，他們兩兩一組，在某個倉庫裡首次見面。

　　初見面的這些人不可能突然開始討論起男女平權主義、LGBT、地球環保等複雜的議題。所以他們暫時擱置這些話題，主張完全不同的兩個人開始一起動手拼裝椅子。

　　拼裝作業一個人做的話很辛苦，所以必須彼此相互幫忙，一起將椅子組裝完成，接著兩個人繼續合作，做出了氣派的吧檯。

　　在那之後，製作方播放了彼此在見面之前，預先錄製好的個人訪問畫面。這個時候，他們才知道彼此的主張和想法是完全不同的。看完訪問的畫面之後，當被問到「是要離開這間房間？還是要一起邊喝酒邊聊天」時，兩人都說：「當然是要來杯啤酒！」於是兩人一手拿起了海尼根啤酒乾杯，氣氛和緩地開始討論。

　　「今天一起工作非常開心。」「我們彼此的意見雖然不同，但像這樣能一起喝啤酒感覺很不錯。」「人生並非只有黑或白。」主張完全不同的兩人，心平氣和地喝酒聊天，這個廣告讓我相當感動。

　　廣告中的兩人一起揮汗工作，成為命運共同體完成一個企畫。就算兩人的想法南轅北轍，也能一起攜手完

成一項工作。每個人都意識到，「原來我們根本不需要吵架或是動粗啊。」

在社群平台上，到處都可以看得到有人一定要駁倒對方才甘願，邏輯相互衝撞。但是，對方所堅持的主張，不是這麼容易就會改變的。

世界是複雜的，每個人都有自己主張的道理。但如果想要勉強對方屈服，最後只能以爭吵或戰爭解決。

海尼根的廣告是一個非常棒的教材，它告訴我們人與人之間透過過程來連結是非常重要的。

在 YouTube 搜尋「可以和價值觀不同的人成為好友嗎」*這個標題，就能看到長達四分半鐘並且上有字幕的影片，請大家去搜尋看看。

與他人共享過程因而感到幸福，乃至於超越個人的主張，進而與他人產生了連結，這是人類的本能，過程經濟與人類與生俱來的天性，可說是非常完美的搭配。

---

* 英文搜尋「Heineken Worlds」可找到原始版本。

第 3 章

掌握過程商機的
六項原則

19

從「正確主義」變成「修正主義」

在此請大家先稍微放鬆心情，繼續閱讀本書。

就算你的腦子裡已經了解過程商機的價值，但如果沒能改變根本的想法，是無法真正身體力行去貫徹。

不光只是理論上的理解，而是要直覺地掌握過程商機。

根深柢固的價值觀無法說變就變，「利用過程來賺錢並非正道」、「將過程公開讓外人看到的做法實在很奇怪」、「商品販售前的資訊或企業祕密對外公布是不對的」，我想應該會出現類似前述的反對聲浪。

大多數的人還是停留在產出經濟的價值觀，也就是

說在眾人不知道的時候努力製作，等到做出讓自己滿意的商品之後才對外公布。

這點跟學校教育有著很深的關係。

曾任職於人才派遣公司 RECRUIT 的藤原和博，2003 年受聘為東京都杉並區立和田中學的校長，成為東京都首位來自民間企業的校長。

藤原和博就任之後開設了「世間科」，這是他自創的正向學習課程，在當時的日本教育界掀起一股旋風。

我與藤原和博對談時他說：「要從正確主義變成修正主義。」他的這番話讓我茅塞頓開。

日本的學校教育採取的是正確主義，也就是說朝著找出唯一的正確答案前進。無論是老師或是學生，都被「要如何引導出正確答案」這樣的常識所束縛。

儘管定義了「△△是正確答案」，但在變化激烈的時代裡，很多時候這個定義本身是會改變的。

既然如此，應該要以修正為前提比較好。不要太過拘泥於求出正確答案，用測試版本也沒關係，總之先提出來再接受來自各方的回饋，然後有彈性地進行修正。藤原和博認為，要擺脫正確主義這種固有的觀念，改變

成修正主義，這是非常重要的。

　　把過程當作黑盒子，讓商品是在一個完美的狀態下推出，這是一直以來的常識。由於學校教育奉行正確主義，於是在多數人看來，肯定會認為「過程經濟是邪門歪道」。

　　但是公開過程，看著對方的反應而做改變，在如此快速變化的時代，根本不算是什麼邪門歪道。**以中途改變方針為前提的修正主義，才是沒有所謂正確答案的時代裡，應該要走的路。**

20

從自己擁有的開始著手

　　行銷的世界裡有一個叫做「實效」（effectuation）
的經營理論，這個字是「effectuate」的名詞形式，意思
是引發某個事情，藉此達到某項目的或希望。

　　「實效」是透過過程經濟，在達成某個目的時應該
要了解的一種心態。

　　實效有五項關鍵：

①在自己手裡的鳥（Bird-in-Hand）

②可承擔的失敗（Affordable Loss）

③拼布被子（Patchwork Quilt）

④檸檬水（Lemonade）

⑤飛機的機師（Pilot-in-the-plane）

　　如果與「自己想要做的事情」這個的框架大抵一致的話，產出的內容便能不斷改變。只要能享受過程，其實可以不需要拘泥於「我應該做什麼才能達成目標」的形式。

　　「幸福的青鳥」總是很難找到。以為崇高的目標在外面，所以總是外出尋找，但事實上「幸福的青鳥」已經在家裡。《青鳥》是比利時作家莫里斯・梅特林克（Maurice Maeterlinck）所寫的童話，內容描述迪迪和米迪這對兄妹的故事。

　　首先要先珍惜自己內心所感受到的 means（意義），再開始進行某件事。

　　在這個驟變的時代裡，如果一開始就決定目標的話，選項會變少，很難有大的成就。因此，要從自己手上所擁有、覺得開心、感到幸福的事情開始著手。而這就是「實效」的第一個重點：在自己手裡的鳥。

　　但就算是這樣開始著手，會失敗也是理所當然。因此，一開始就把失敗納入在容許的範圍裡，這就是「實

效」的第二個重點：可承擔的失敗。

舉例來說，當你企畫一個「感受幸福瞬間」這樣的活動或是祭典之後，不可能所有的事情都一帆風順，超出預期的意外或麻煩可能會接踵而至。

企畫案內容可能是雙人相聲表演或是音樂演奏，又或者是烤肉活動、在啤酒屋吃吃喝喝。如果想要讓這樣的企畫案成功，不但要事先準備好活動專用的舞台，而且音響和照明器材也是必要的。

當企畫的內容不斷膨脹，等到你用算盤試算一下才赫然發現，入場費用和餐費無法打平時，自然會感到一陣錯愕，然後開始尋找贊助廠商或是集結活動資金，利用小額募款或是銷售商品來補強，讓活動收支不要出現赤字。

一邊面對小小的失敗，在不讓比賽結束的範圍內持續挑戰。每次都能學到新事物，遇見新朋友。這麼一來，或許會有未知的發現，甚至連結到下一次的挑戰。

「實效」的第三個重點：拼布被子，也非常重要。

將一片片無法單獨使用的碎布，縫合連結起來，重疊再重疊，就會變成一件大的作品，在每個瞬間很有彈

性地應對，和平常不會握手的人握手，一起合作。就像是拼布一樣，新的變化不斷延展開來。而這也正是修正主義的醍醐味。

在失敗中發現成功，這是「實效」的第四個重點：檸檬水。

檸檬又苦又酸，單獨使用的範圍不廣。將檸檬擠出汁來，加入蜂蜜和冰水攪拌之後，竟然會變成好喝的檸檬水。頭一次試做檸檬水的人肯定會非常興奮地說：「原來有這樣的喝法。」像這樣，在偶然之中意外地嘗到成功的滋味。

「實效」的第五個重點是：飛機的機師。企畫案或是祭典的核心人物，就像是機師一直握著操控桿。那個人成為祭典的中心，唱歌、跳舞，一看就知道開心得不得了。祭典上有個像機師般握著操控桿，掌控全場氣氛的人存在的話，四周的夥伴會覺得「不跳舞是個損失」，因此會盡情地享受。

「可承擔的失敗」大幅度地接受許多失敗，儘管是一看就知道會失敗的活動，也會從中出現新的可能，產生出乎意料的成功。

　　而最重要的是，在這個過程中出現了新目標和新夥伴，也因此找到全新的意義。

　　在這個充滿變化的時代，一開始就決定戰略會局限自己的發展，冒險就從手上的小鳥開始，最終發現的目標和夥伴，會讓自己活得更像自己，開創出新局面。

圖表 4-1　實效的五個重點

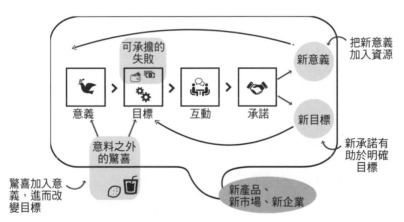

資料來源：The Society for Effectual Action/The Effectual Cycle
（https://www.effectuation.org/sites/default/files/documents/effectuation-3-pager.pdf）

從「管弦樂型」轉變成
「爵士型」

21

在管弦樂的演奏會上，不太可能有脫離樂譜的即興演奏。小提琴或大提琴、銅管樂器隊、打擊樂器等，各自要如何演奏、要演奏到哪個段落，這都是事先決定好的，不可能無視指揮的指示。管弦樂的演奏是朝向事先決定好的目標前進，可說是正確主義的典型範例。

相較之下，爵士樂的現場演奏，表演者無須看著作曲家寫的曲譜，甚至應該說，破壞原來的曲譜來演奏才是他們的工作。

晚上聚集在爵士樂俱樂部的客人，並不會在意台上演奏的樂團如何即興演奏。有時候演奏的樂團會過於隨

意改編，甚至到頭來已經不知道原曲是哪一首。

爵士音樂家每次的演奏，都是一場尋找在今天這一天、在這個場所，才能孕育出的音樂之旅。聚集在爵士樂俱樂部的客人，無論是明天或後天，都不可能聽到相同的音樂。正因為如此，人們才會一次又一次的去爵士樂俱樂部聽歌。爵士樂不是正確主義，而是修正主義的音樂，這正是過程經濟。

這是一個變化相當激烈的時代，適合的生存方式或工作方式，已經不再是朝著事先決定的目標，絲毫不差地往前走的「管弦樂型」，而是在不知道正確答案在哪的情況下，尋找出答案的「爵士樂型」。

在缺乏變化的時代，思考的方式是從正確答案往前推算，不斷反覆著將 A 部分和 B 部分結合在一起的練習，進而完成工作。但是在今天這樣充滿變化的時代裡，應該要大家一起腦力激盪，提出「做 B 應該會比做 A 來得好」、「還有 C 或 D 這些方法」等想法來完成工作。比方說，「我有這樣的想法，有沒有想要一起試試看的夥伴呢？」靠著這種呼朋引伴的方式讓工作得以順利進行才是上策。

　　爵士演奏會上,在不到一秒的空檔之下,參與演奏
的音樂人靠著默契決定即興演奏。這不光是單純的修正
主義,而是快速的修正主義,自己得要不斷做出一個又
一個決定。

　　像爵士樂即興演奏會這樣的方式來決勝負,結果究
竟如何沒有人在意。

　　無論是演奏者還是聽眾,大家享受這個過程,並且
充滿了期待,因為不知道接下來會聽到什麼樣的音樂。
當決定要舉行爵士樂即興演奏會時,音樂人和聽眾都會
因為即興演出的音樂,而深受感動。

22

在資訊完全公開的時代，
率先插旗

看到這裡，就算可以改變個人的意識，但在很多業界或公司裡，還是無法擺脫產出經濟的束縛。

對企業而言，就算公開過程是必要的，但的確也是有缺點的。在商品上市之前就對外宣布的話，新技術或是點子多少會因此被公開，接著就可能會有其他公司模仿或追隨。

儘管如此，將資訊完全公開的優點是什麼呢？

1994 年，我開始在外商諮詢公司上班，當時網際網路尚未在全世界普及，身上帶著手機的人少之又少。

請大家猜猜看，在那當時，麥肯錫公司內部止在著

手的企畫當中，最多的是哪些工作呢？

答案是蒐集以美國為首的海外先進國家，當地最尖端的新技術、投資或是與商品開發、行銷有關的資訊，然後對企業提出「您的公司這樣做比較好」的提案。在那個時代，光是這樣的工作，就可以拿到數千萬日元的酬勞。

在外國的資訊不是那麼容易就能取得的九〇年代後半，當我們將所蒐集到的國外的資訊對客人提出時，是具有極高的價值。

如今「兩、三天前起，那件事在 Clubhouse 上已經有人開始推動了」這類的資訊，在通勤中稍微看一下手機，就能立刻掌握。在世界的某個角落剛開始傳出的訊息，很快地被散播開來，細心的學生可能當天就寫在自己的報告上。

認為「最新的資訊只有自己發現」，如此過於自信的人是會被淘汰的，因為資訊本身已經沒有價值了。

反倒是將手中的資訊與他人共享形成夥伴關係，大方地公開過程讓外界知道，這樣的做法反而更能蒐集到更多的資訊，對自己來說是有利的。

　　就如同我在前言裡所提到的，當大家隱隱約約地覺得「好像有這樣的現象」時，谷川健介率先提出了「過程商機」。

　　這個關鍵詞就成了流量密碼，大家突然間開始使用「過程商機」。在網路的世界裡，你能明確知道誰是率先插旗的人，那個人自然就會被冠上「最初插旗者」的稱號。

　　率先插旗的人將會受到矚目，也因而聚集了很多人和資訊。「沒錯，沒錯。是那個人最先提出過程商機的、和那個人取得聯繫跟他聊天很有趣。」這時就會出現加乘的效益。最初插旗的人，將會獲得最多的資訊。

23

支持創作者的第二創作者

　　日本一年有超過七萬本的新書出版。當我為了自己寫的新書很努力宣傳時，才赫然發現書店的社群上，新書資訊有如小山一樣高。

　　不只是書籍，商品的製作亦是如此，宣傳遠比製作商品更為辛苦。如果只是單純告訴大家：「我的新書上市了，請大家來買！」這樣的宣傳很快地會淹沒在資訊的大海裡，讀者是不會記得的。

　　新書即將問世之前，在社群上公開製作過程，眾人一起蒐集相關資訊或創意，集結想要看這本書的團體。如此一來，新書就會在問世之前獲得一些注目。或許這之間也會出現願意「配合新書的出版，由我來製作影片

在 YouTube 上面播放」，像這樣為你奧援的夥伴。

搞笑藝人團體 King Kong 的西野亮廣，將這樣的夥伴稱為「第二創作者」。

公開書籍或作品的過程，會增加願意奧援這個過程的第二創作者。如此一來，從書籍或作品完成的那個瞬間開始，就算放在一邊不去宣傳，這些奧援團的夥伴們也會主動宣傳，將資訊散播出去。

新夥伴會不斷加入，將新書的熱度散播出去，這個集合體就形成了一個社群，而且還會帶動更大的熱度。

於是乎，「想要搭上這波熱潮」的聲浪或流行由此產生。

近年來，珍珠奶茶在日本引爆熱潮。剛開始在大都市的部分地區販售，靠著口耳相傳大賣了起來。電視、雜誌、社群等，所有的媒體，都將珍珠奶茶當作話題爭相報導，珍珠奶茶店因此快速增加。

書籍的銷售也是一樣的。「一直看到這本書，現在不讀不行」的想法會與購買行動相互連結，隨著書籍增刷，讓書籍成為暢銷書。

口耳相傳的連鎖作用在社群時代更為顯著，這也造

成暢銷商品更為暢銷的現象。

　　某出版業者舉辦了「2020 年十大商業書籍排行」的活動，排名前十的書籍中，當年出版的新書只有兩本，剩下的八本都是 2018 年到 2019 年出版的。

　　比起新書、已經出版一段時間的書籍更能持久銷售，前田裕二的著作《筆記的魔力》上市已經超過兩年，賣出超過 70 萬本，至今仍繼續熱賣中。

　　追究其理由，原來大多的暢銷書籍，在社群平台上都存在著第二創作者。

　　從新書上市前後開始，因為有共享過程的第二創作者存在，新書上市後就算過了一段時間，話題也能持續下去。比起買氣蕭條的新書，能夠持續銷售的書籍在社群平台上的資訊也會持續更新，持續擴大社群，接觸到「新的體驗」。

　　《筆記的魔力》這本書的封面和書腰已經改版了好幾次，每次在社群上都會成為話題，甚至有書迷每個版本都購買並上傳到社群。為了讓書籍大受歡迎，從企畫階段開始就公開資訊，創造第二創作者，甚至是在購買書籍後，每個階段都必須設計話題。

　　從企畫成立開始，參與過程的第二創作者，人數從
零、一，膨脹到十、二十。資訊爆炸的時代，在茫茫的
網路大海裡要被人發現是極為困難的，因此擁有像第二
創作者這樣、能自發性地散播資訊的人尤為重要。

24

採用拳擊陪練的溝通方式

　　具有過程經濟的想法，也會讓商品的製作方法本身大受歡迎。

　　在行銷的世界裡，經常會提到「由外而內」（Outside in）和「由內而外」（Inside out）這兩個關鍵詞。

　　所謂的「由外而內」是根據銷售額、收益、目標等結果，「從勝利往前推算」的思考模式。而「由內而外」則是與其相反，從自己內心所產生的衝動為起點。

　　最近無論是商品製作或服務，其行銷策略已經從「由外而內型」轉變成為「由內而外型」。

　　在歷經高度經濟成長期之後，製造商觀察使用者的

生活型態，發現「主婦的家務負擔過重，洗衣機應該成為家庭的必需品」，於是製作出用來減輕使用者的 pain（痛苦、課題）的產品，提高使用者的滿足程度。

在過去只能用手洗衣的年代，冬天洗衣時雙手會凍僵，非常辛苦。這時，洗衣機出現了，為主婦解決了這個痛苦。當使用洗衣機變成理所當然時，又出現了梅雨季節時，洗好的衣物很難乾的問題。於是「如果有烘衣機，就不用特地跑去自助洗衣，非常方便」的解決方案出現，進而解決了另一個問題。

「在先進國家當中，只有日本還以人工的方式來洗碗盤。」當這種聲音出現時，又促使洗碗機進入家庭。

廠商祭出「打造能解決您的問題的新商品」宣傳口號，滿足民眾日常生活中的不足。廠商持續進行這種行銷策略，幾乎已經滿足了使用者在物質上的要求。於是尋找使用者的新問題並製造出解決問題的商品，這種由外而內型的產品漸漸無法再打動消費者。

在物質生活豐裕的成熟社會，比起由外而內型的產品，由內而外型的產品更容易販售。「如果你也能領略我的『喜好』，肯定會讓這個世界充滿色彩。」廠商試

著對使用者傳遞這樣的訊息。

　　就算這項商品並非生活中的必需品，但能夠豐富人生的這個賣點，對消費者而言格外具有魅力。

　　提倡「有意義的創新」的義大利米蘭理工大學（Polytechnic University of Milan）教授羅伯托・維甘提（Roberto Vergenti）指出，「製作由內而外型的商品時，最好採用拳擊陪練的方式」。即便是自己喜歡的成品，也可能會因為「難以理解」、「不知道有那回事」而被排斥。含糊不清的概念或像詩一樣抽象的訊息很難傳達出去。

　　結果可能會讓你感到低落，甚至因此放棄了去傳遞自己心中的「喜好」。

　　所以，不要突然去強迫別人接受自己的「喜好」，而是要像拳擊陪練那樣試著去溝通，這才是最重要的。

　　舉例來說，在 Twitter 上發表因為自己「喜好」而誕生的新商品概念，可以一邊參考大家的反應和評論，藉此調整方向。

　　過程經濟的研究就像是反覆對著牆壁練球一樣，逐漸孕育出新的點子，雖然一開始會感到茫然，但慢慢地

自己心中的那個「喜好」，其影像會越來越清晰，當商品或服務問世時，與其一個人反覆地嘗試錯誤，倒不如轉變成容易被更多人接受的型態。

先前我曾提到，公開過程可能會有被模仿的缺點。儘管商品的功能可以被複製，但個人「喜好」的價值觀或偏愛是難以拷貝的。

過程經濟中最重要的是，要如何將「自己的特色」傳遞出去讓別人理解。從下個章節開始，我們來看看實踐過程商機的具體方法。

第 4 章

實踐過程商機的
九種方法

25

在紅海的網路時代，
得靠「Why」生存

到目前為止，我講述了過程經濟的重要性。

接下來，我們要具體思考公開過程時，要注意哪些重點。

所謂的公開過程，如果只是公開商品製作的過程，很難讓人感受到其中的魅力。

要實踐過程商機最重要的是，揭露你心中的「Why」（為什麼這麼做、哲學、特色）。

如果對小學生進行「將來想要從事的職業」這個問卷調查，棒球選手、足球選手、演藝人員、甜點師傅等人氣職業紛紛榜上有名，而 YouTuber 這個職業則是位

居第一。

大家都「想要成為網紅」，當任何人都可以在 YouTube 和 Instagram 上展現自己時，平凡的網紅是無法生存下去。日本是個有一億網路人口的社會，人和商品都會淹沒在茫茫的資訊大海中，想要被人發現極為困難，這就是現實。

就算追蹤者或訂閱人數增加，當有其他人氣網紅出現時，很可能就會被瞬間淘汰。網紅市場完全是個紅海狀態，現存的網紅可能一夜之間就失去了價值。

數千萬人在 YouTube 或社群平台上發布訊息，光靠「What」（輸出內容）難以創造差異。

舉例來說，當你要傳遞的「What」是屬於學習內容，然而在這個範疇裡有 Hiroyuki[*] 或知名讀心師 DaiGo、東方收音機的中田敦彥等多位知名網紅。在如此競爭激烈的戰場裡，就連一般的上班族或主婦也加入了戰局。只想憑著「What」一決勝負，在競爭者眾的紅海市場中，很難出人頭地。

---

[*] 本名西村博之，是日本網路論壇「2ch」的創立者與前管理員。

在這樣的情況下想要爭取粉絲，最聰明的做法就是不能只是靠「What」這一項來決勝負。除了告訴大家為什麼會孕育出「What」，同時也要展現「How」（技術），藉此吸引網友的注目。最重要的不是「How」，而是為什麼會這麼做的「Why」。

我們藉由日本搖滾天王矢澤永吉為例來思考看看。矢澤站上舞台之前，一直堅持著其他人並不在乎的細節。然而他的堅持當中其實帶有自己的哲學，粉絲們也欣賞這樣的哲學。如此一來，矢澤先生的一舉手一投足，無論怎麼看都讓人覺得非常有品味。

「What」和「How」可用一定的標準來測量，決定優劣，但是「Why」卻是來自於這個人的生存方式。

隨著公開過程，讓大家知道自己為什麼要這麼做？將自己的哲學與粉絲共享。在網路人口時代的紅海中，所有競爭者都想盡各種辦法聚集眾人的目光，或是模仿製作當今最受歡迎的內容。

但越是這麼做，就越沒有原創性，變得和他人一樣的結果就是被埋沒在紅海裡。公開你心中的「Why」，就算支持者只局限於某一群人，卻能獲得深厚的支持，

這一點才是最重要的。

如果沒有「Why」會怎麼樣呢？美國的群眾募資平台 Kickstarter 上，介紹許多最新的商品。

但是新商品發行兩週之後，功能只有原創商品的八成但價格只要一半的類似商品，開始在中國販售，這樣的情況經常可見。

我將這種現象稱之為「Kickstarter 的悲劇」，也就是說如果過程沒有蘊含「Why」，是很容易被模仿的，而且會以低廉的價格出現在市場上，讓商品被捲入削價競爭的世界。為了不讓這種情況發生，強調「Why」的存在極為重要。

26

「心技體」一致，才能讓人感動

我認為「What」、「How」、「Why」很像是日本人所說的「心技體」。體是（What），技是（How），而最重要的是心（Why），正因為心技體一致，才能夠擁有超越時代、讓人感動的力量。

傳統工藝的職人及歌舞伎的演員，憑藉著長年的修業和鍛鍊，達到了心技體一致的境界。

光是要講解歷經數百年悠久歷史而被傳承下來的體（What），讓初學者了解，就不是件容易的事。

而技（How）的部分也是如此，如果沒有達到一定的程度，是很難完全理解。

但是，體和技的根基部分，也就是心（Why）。如果有了扎實的基礎，就算身處於時代的潮流當中，也能夠不被淘汰，而心（Why）就是最甜美的果實。

NHK 的《專業高手》、MBS/TBS 的《熱情大陸》等電視節目，以紀錄片的方式來拍攝某個人物，再以大家都容易理解的方式呈現主角們的「心」（Why），因此非常受歡迎。

一般人普通眼裡看到的，只有最後的產品（What）和專業的技術（How），而個人所堅持的心（Why），是很難從外部看到的。如果加入了鏡頭，那麼觀眾就會知道「原來是這麼一回事」，進而愛上了職人所孕育出的作品，對新客人來說，很難分辨專門技術或作品的好壞。但是，身為一位職人他對理念的堅持或創作哲學，都可以透過這樣的方式產生共鳴。

想要吸引新客人或是粉絲的注意，應該藉由過程經濟與他人共享的其實是「心」（Why）。

27

熱情，是強而有力的後盾

賈伯斯所領導的蘋果公司（Apple），憑藉著企業的「心」（Why），在全球市場引發革命。

「你是會改變的。由我來提供你改變的武器。」賈伯斯的這段話，讓許多人的心頭為之一振。

若將上述的理念帶入蘋果這間公司，心體技中的「體」是 Mac 或 iPhone 等的商品，「技」是蘋果的技術，而「心」就是賈伯斯的話。賈伯斯展現蘋果的「體」和「技」的魅力是無庸置疑的，他還將蘋果這間國際企業的「心」（Why），透過生動的語言來表達。蘋果的「Why」，就如以下的文字被完美地詮釋。

「我們相信熱情的人可以改變世界，讓世界更

好。」（We believe people with passion can change the world for the better.）

這是賈伯斯在「不同凡想」（Think Different）這個有名的廣告中，所講的一段話。1997 年，賈伯斯回到了瀕臨破產邊緣的蘋果，他想出了「不同凡想」這句話，企圖重建品牌形象。

在「不同凡想」公開之前，賈伯斯對公司的職員播放了大約七分鐘左右的影片。在那之中，他以行銷最為成功的運動用品公司耐吉（Nike）當作例子：

> 對我而言，行銷最注重的是價值。
>
> （中間部分省略）
>
> 在所有的行銷個案當中也是有很棒的例子，全世界最棒的行銷就是耐吉的廣告。請大家想想看，耐吉是一間販售運動用品的企業，運動鞋是主要商品。
>
> 但是，當我們想到耐吉這間企業的時候，卻有一種該企業不光是只是在販售運動鞋的想法。在耐吉的廣告裡，完全沒提到任何一句與商品有關的話。廣告裡不會提到氣墊鞋，也不會提到耐吉的氣墊鞋比銳跑

（Reebok）的氣墊鞋來得棒的理由。

那麼耐吉的廣告是在做什麼呢？他們在廣告中讚揚偉大的運動員，或是讚嘆運動之美。這就是他們的精神，是他們存在的理由。

換句話說，讚美運動或是身軀之美正是耐吉的核心價值，同時也是該企業的「Why」。

相較於耐吉，蘋果的核心價值就是賈伯斯所說的那段話：「我們相信熱情的人可以改變世界，讓世界更好。」（We believe people with passion can change the world for the better.）

蘋果存在的理由，並非是為了做出一個讓人在工作上運用自如的箱子，儘管那是我們最擅長的事情。某些時候，我們的商品的確比其他任何一家廠牌來得好。但蘋果這間公司存在的理由，並不是只有這樣。

蘋果的核心價值是「燃燒熱情的人，將世界帶往更好的方向」，我們是這麼相信的。

實際上，我們擁有了和那些帶領世界往更好方向前進的人，一起工作的機會。這當中有像各位這樣的人或是軟體開發者，還有顧客。他們所成就的事情，有大事也有小事。

我們相信，人類可以讓這個世界朝更美好的方向前進。那些相信自己可以改變世界、擁有這股熱情的人，事實上真的可以改變世界。

對於這些擁有熱情的人，蘋果是他們強而有力的後盾。

和擁有熱情的人一起進行一次又一次的冒險。

正因為贊同蘋果的「心」這個核心價值，顧客甘願掏出比 Android 系統多出近兩倍的價錢，購買 iPhone。

或許我們可以這麼說，iPhone 的使用者花錢買的不是蘋果的「體」或「技」，而是最珍貴的「心」。

賈伯斯在 2011 年 10 月去世，至今已經過了十年。如今 iPhone 的使用者勉強還能感受到賈伯斯留下的餘韻，但似乎也開始感覺「iPhone 應該不會再有太大的革新了」。

　　在賈伯斯過世之後，除了追求完美的商品和最先進
的技術，要如何讓蘋果的核心價值，也就是「心」這個
部分傳達給消費者，這或許是蘋果最大的課題。

28

向最強的品牌「宗教」學習

　　我們已經知道了，在過程商機中最重要的是如何傳達「Why」。

　　具有領袖魅力的賈伯斯過世之後，蘋果的核心價值「Why」要如何能確實地傳承下去呢？宗教被定義為是最強的品牌。

　　無論是基督教的聖經或佛教的佛典，都不是耶穌、釋迦摩尼自己寫的。耶穌和釋迦摩尼在世的時候，靠著口傳的方式來傳道。

　　宗教的教義由弟子們不斷地口傳下去，然後由這些弟子當中的智慧者，將教義以文字的方式記錄下來。上師或宗教鼻祖所講的話，以及想讓信眾瞭解的生存方

式，成就了在幾百年或幾千年之後，依然能讓人再三反思的佛典。

於是乎，基督教和佛教就這麼成為世界主流宗教。

宗教的第一個階段是教祖本人在世初期的時代（Cult，狂熱信奉）。接下來是由傳道者（宣教士）將上師所擁有的、心「Why」的部分轉換成言語（Sect，宗教派系）。接著來到了體驗「Why」的教會時代（Chunch，教堂）。如此一來，信眾就會對「Why」抱有強烈的認同感，並且自然地傳承下去。

經書只能傳達給識字的人，在文盲較多的地方，如果要民眾去讀經書，這樣是無法傳教的。

為了要對這些文盲的民眾傳教，宗教家們會去思考要用什麼方法將「Why」轉換成日常的習慣。

若在教會裡仔細聆聽福音歌曲，會發現被眾人所傳唱的歌詞裡自然地融合了聖經上的重要思想。教會裡有和聲效果，大家齊聲合唱時，聽起來就像是天使的聲音從天而降。

歌聲在教會裡出現的次數增加了，從天而降的聲音在信眾的耳裡聽來，就好像是天神在對自己說「你要活

得像自己」，這就是福音歌曲帶給信眾的模擬效果。

當上述的情況發生時，前面所說的「系統1」（情感腦）、「系統2」（理論腦）之中，哪一個會發生作用？很多人會因為「系統1」（情感腦）的作用，而被直覺的情感所刺激。

唱歌、跳舞，大家在祭典上同歡。宗教因為擁有將「Why」傳承下去的架構，才能在數千年來，持續成為很多人的救贖。

29

一開始就明確設定「Why」

在開始著手商品的企畫工作時，有沒有將「Why」的部分跟大眾共享，最終會產生極大的差異。

如果沒有納入「Why」的部分，在你的腦子裡所描繪出來的想法，是無法傳達給他人了解的。

一開始就明確設定「Why」，比較容易打動人心。

有一部 18 分鐘長的影片，可以說明這件事情。那就是英國暢銷作家賽門・西奈克（Simon O. Sinek）在 TED 大會裡的演講。

到 Google 去搜尋「偉大的領袖如何激勵行動」（How great leaders inspire action），就可以找到這段影片。在這裡順道一提的是 TED 是「Technology」、

「Entertainment」、「Design」這三個英文字的縮寫。

「為什麼蘋果的革新，看起來和其他品牌不一樣？」

「為什麼馬丁‧路德‧金恩（Martin Luther King）能成為美國民權運動的領導？」

「為什麼萊特兄弟能贏過其他團隊，成功地締造了人類首次試飛動力飛機的創舉？」

賽門‧西奈克一邊提出上述的問題，藉此強調「Why」的重要性。

「人們不會買你做了什麼（What），人們要買的是你為什麼做它（Why）。」（People don't buy what you do; They buy Why you do it.）

轉換現有的想法，企業應該更專注於透過過程和大眾共享「Why」，這是賽門‧西奈克在他的演講裡所強調的。

賽門‧西奈克最初是在美國偏僻鄉村舉行 TEDx（x-independently organized TED event）演講，由於反

應相當熱烈,兩年後出了書,五年後他被請到了更為正式的 TED 去演講。

這件事情又再度證明了兩件事。

第一件事就是強烈的概念、其實就是「Why」,會帶給人極大的影響。另一件事則是在看不到正確答案的情況下,最重要的是對「Why」的認同感(make sense)。就賽門‧西奈克而言,他的這段演講影片內容獲得大眾認同,並且被廣為分享。

30

成為超人氣電商的三項法則

到目前為止，我一直在傳達，過程共享之中「Why」的重要性。為了讓大家容易想像，這裡我提出幾個具體事例來說明。

我們來分析樂天網購的人氣商店。

在樂天網購營業額名列前茅的店家，有三項特徵。我認為這些店家，都強調「Why」的要素。

當人擁有了「Why（意義）」，並且朝向某個方向前進時，會出現三個重點：

①微小的興趣（自己的特色）
②責任（負責到底的責任感）

③明確公開弱點（稍微的失敗）

如果說對於網購的要求是商品便宜和快速到貨的話，亞馬遜會比樂天更為方便。

既然這樣的話，為什麼消費者還要在樂天購物呢？因為在樂天購物不會枯燥無味，在商店街購物能看著老闆的臉，聽著商品的說明，同時尋找自己想要的商品，這樣的購物體驗是消費者想要的。

比起商品的品質或價格，對消費者而言更重要的是感受到店家的「Why」然後購買商品，這其實就是一種過程商機的行動。讓我來為大家介紹，在樂天開店的必要特色。

第一個關鍵是「微小的興趣」。

在樂天有一位對葡萄酒充滿狂熱且非常了解的店長。

那位店長賭上了自己的人生，進口許多便宜又好喝的智利葡萄酒。就算不太有人知道的智利葡萄酒，只要去那間店肯定能夠買到。和其他的店家不同，將顧客喜

好進行分類的「微小的興趣」，就是該店特色。店長具有御宅族的特性對葡萄酒的知識瞭若指掌，讓顧客產生了「這間店的葡萄酒好像很特別，可以買來喝喝看」這樣的興趣。

第二個關鍵是「責任」。智利葡萄酒的御宅族店長，非常謹慎且認真地跟進口業者交涉。為了確保葡萄酒的品質及運送上的考量，店長在包裝的箱子上，下了很大的功夫。這樣的責任感若能傳達給顧客，他們肯定會給老闆「這間店的老闆做事很仔細」這樣的回饋。如此一來，顧客就會從一般的「有興趣」轉變成強烈的「信賴」。

過去秋葉原曾經有全世界罕見的電器街，無論是多麼狂熱的客人來到這裡，都能買到符合需求或是細小的零件。

稍微問一下店裡的人，就會得到類似以下的回答：「你要找的那樣東西，得要去石丸電器的三樓，那裡有一個人對真空管很了解，他會做出很厲害的喇叭。」

如果去秋葉原的話，會遇到很多具有個人特色，也

會一直協助他人，值得人敬愛的電器宅老闆。在那樣的店裡，老闆和顧客會突破枯燥無味的買賣關係，形成一個充滿熱情的社群。

坦承「失敗」，更有人情味

第三個關鍵是「明確公開弱點」。

在樂天購物的民眾，之後會收到來自店家寄送的網路雜誌。但因為很多人會取消訂閱網路雜誌，因此店家在寄送商品時會把紙本的電子報或感謝卡放在一起寄出。在網路雜誌或電子報裡，可以放入一些自己做生意時遇到過的失敗經驗或小故事，將自己的經驗與消費者共享。

「自己喜歡的葡萄酒無法進口，公司快要經營不下去。不過，我超級努力的，終於讓這支葡萄酒順利進入日本市場。」像這樣的小故事寫在紙本電子報裡，消費者會把這封信搭配著下酒菜，聚精會神地看完。

「如果是一般人的話恐怕不會如此堅持，但這位老闆卻做到了」、「這個人雖然不善於做生意，卻抱持著明確的信念」，透過這樣的表現方式，就可以傳達個人的獨特魅力。

公開坦承「我其實有這樣的缺點」，讓客人和店家的關係變得就像是踏上相同過程的同志。

「這位店長又失敗了，真是沒辦法，原來他是這麼辛苦地工作。這樣的話，我來跟他多買六瓶葡萄酒好了。不過，下次還要再給我好喝的葡萄酒喔。」

好比像是這樣，客人可以感受到老闆的人情味，進而成為他的粉絲。

在樂天購物網站上搜索，可以找到能滿足自己購物嗜好且非常風趣的老闆，並且會想要支持他。不光只是購買商品，還會非常享受與老闆交易的真實過程。

這樣的購物模式已經超越了「喜歡這個商品」的程度，進而產生一種人與人交往的關係。這就是過程經濟。

擺脫以商品的功能性決勝負，以及削價競爭，雖然規模較小但有意義的玩家才是贏家。在樂天的人氣商店

裡，可以發現很多店主非常重視「Why」的過程商機，
最後贏得了勝利。

32

分辨「共鳴」的兩種類型

對那些擁有偉大「Why」的人產生了共鳴，周圍的人會進而想要奧援那個人，而這就是過程經濟有趣的地方。

但是，我在這裡想要告訴大家的是「共鳴」一詞，包含了同感（sympathy）和同情（compassion）兩種意思。雖然兩者都可以解釋為共鳴，但其中還是有微妙的差別。

「Sympathy」的意思是「同步的感情（pathy）」。「因為計算失誤，採購了過多的御飯糰，遇到大麻煩了請大家幫忙！」如果有超商店員在 Twitter 上發布了上述那段求救文字，大家都會跑去那間便利商店買御飯

糰，幫忙解決問題。像這樣的行動，偶爾會成為話題。

當我們發現有人遇到麻煩時，會對那個人產生同情，將「我來幫助你」這樣的想法會化為行動。原本是單獨的援助，集結之後就成了一個大行動。

像這樣的行動很容易在短時間內獲得共鳴和支援，卻難以持久。當隔天又說「遇到困難」，再隔一天又再度說「遇到困難」，我想一般人應該不會一直支援特定的某一人。

另一個是「同情」（compassion），「com」這個字的語源是「陪伴～、和～一起」（accompany with）的意思。「passion」一般可解釋為「燃燒熱情」，事實上它還含有「被釘在十字架上的受難耶穌」如此悲壯的意義。

儘管知道接下來要被處刑，但不願自己的信念被扭曲，堅決貫徹到底，想要以自己的生命拯救這個世界。正因為懷抱這樣的主張，耶穌才決定以自己的生命貫徹信念。

「即使粉身碎骨，我也想要實現這個目的。」當這個人邁出腳步往前走時，一定會有人說：「我也要一起

走。」然後全程跟在身旁。這樣的共鳴是會永續的。

這不是哪種共鳴好或壞的問題，而是在過程經濟中，「共鳴」本身是非常重要的因素。不要隨便操作「共鳴」，能夠分辨共鳴的類型才是最重要的。

33

共享過程的兩種類型：叢林奇航、BBQ

　　在本章的結尾之際，我想要跟大家介紹，過程經濟中與客人共享過程的方式有兩個類型：「叢林奇航型」和「BBQ 型」。

　　迪士尼樂園裡，有一個非常受歡迎的遊樂設施叫做「叢林奇航」，為什麼會擁有超高人氣呢？因為坐在遊樂器材上的民眾，彼此都是冒險的夥伴。

　　「右邊有子彈飛過來了」、「也從後面來了喔」，聽到船長提醒大家注意時，搭乘者忍不住發出尖叫，同時感受到危險在即，腎上腺素狂飆。

　　因為過程而聚集在一起的人，就像是叢林奇航遊樂

設施上的搭乘者，體會到心情激動的感覺。創立一個能改變世界的服務，製作出一部從沒看過的娛樂影片。在一個沒有危險的場所裡，共同體會到實現夢想的冒險，這是最大的價值。

另外，還有一種是每個人都實際動手，大家一起完成的 BBQ 型過程商機。

BBQ 是個各式各樣的人都容易參與，可以事先預訂空檔的活動。

在 BBQ 這項活動中，需要專人負責的工作不光只有烤肉而已。

比方說擅長起火的人，通常他們得要站在烤肉架的最內側，要耐高溫且不斷搧風把空氣送進火堆，好讓木炭起火燃燒。又或者是負責洗菜的人，他們會尋找適合洗菜的地方，仔細地清洗蔬菜，再把蔬菜切成一口大小。等到大家都填飽肚子後，負責收拾善後的人也非常重要。

另一方面，當然也有人什麼事也不做，只負責在眾人喝酒時炒熱氣氛。

就某個意義而言，BBQ 是一種付錢「工作」、十

分符合過程經濟概念的體驗。最重要的是在那個過程中，每個人都有能開心參與的角色。

在餐廳吃牛排的話可不會這樣，因為是主廚為我們烤肉，所以沒有參與的可能，就不會形成一個社群。

換句話說，如果過程經濟是以 BBQ 的型態展開，這當中會有相當多的角色，為每個人提供存在的意義，這是最重要的關鍵。

Cork 社長佐渡島庸平曾經說過，想要吸引眾人的目光，最重要的一點就是讓社群的成員產生「留在這裡也不錯」的感覺。

這時，所能做的、最簡單的方法就是賦予每個人角色。

舉例來說，當有轉學生轉進來時，如果沒有給他安排任務的話，會令對方產生「在這裡好嗎」這樣的隔閡感。不過，當老師開口說：「餵金魚的工作就拜託你了。」像這樣分配任務給轉學生，這時對方就會改變想法，認為「待在這裡很不錯」，產生想要加入這個群體的想法。

換句話說，形成一個社群時要預先留白，事先預設

很多角色是最重要的。

　　是想要選擇叢林奇航型，當一位挑戰過程的目擊者；還是像 BBQ 型一樣，大家一起完成一項過程呢？其實，過程商機的手法不是只有一種。

　　終於我們要在下一章，參考善用過程經濟的企業他們的做法，為了傳遞自己的「Why」，到底哪種類型比較合適呢？我們一起來想一想。

第 5 章

成功運用過程商機的十個案例

34

韓團 BTS 風靡全球的理由

2018 年，南韓偶像團體防彈少年團（BTS），在美國的《告示牌》（*Billboard*）單曲榜勇奪冠軍。

緊接著 BTS 又在 2019 與 2020 年，連續兩年獲邀成為葛萊美頒獎典禮（Grammys）的座上嘉賓，甚至在 2021 年入圍葛萊美獎。BTS 的世界巡迴演唱會也非常成功，已經躍升成為國際級的音樂團體。

以 BTS 為首的 K-POP，為什麼會被全球的娛樂市場所接受？

我認為這是個可以拿到哈佛商學院做為研究論文討論的有趣題目。其中一個主要原因是，K-POP 有過程經濟的架構，進而得以成為世界級的內容產業。

對音樂人而言，最終的成果（output），當然就是專輯的發行，但 BTS 七位團員的肖像權並沒有受到嚴苛限制。

被稱為「ARMY」的熱情粉絲透過群眾募資出錢，在相當於澀谷 109 那樣最顯眼的地方，付費播放 BTS 的廣告。粉絲少額集資播放廣告，就算廣告中使用團員的照片，也不會引來經紀公司的抱怨。

另外，粉絲一邊聽著 BTS 的歌曲，一邊將跳舞的影片上傳到 YouTube，或者是在影片下方自由留言。粉絲研究 BTS 的舞蹈，並且仔細說明要如何才能完美複製所有舞步，而這樣的影片也被上傳到 YouTube。像這樣自發性地為 BTS 宣傳和奧援的人，也就是所謂的第二創作者，正快速增加起來。

那麼有人知道 BTS 在美國走紅之前，在哪個國家賺最多錢嗎？

答案令人感到意外，竟然是在中東的阿拉伯聯合大公國。BigHit（BTS 的經紀公司）還派職員常駐阿拉伯聯合大公國，與當地的「ARMY」交流，同時和粉絲一起思考，要如何在中東地區為 BTS 宣傳。將顧客變成

粉絲，甚至成為同謀者。

宛如傳教士要達成任務一般，在尚未開發市場的土地上培養出宣傳 K-POP 魅力的第二創作者。藉由過程經濟的方式，BigHit 鞏固「ARMY」的向心力，也連帶地在阿拉伯聯合大公國以外的國家，提升了 BTS 的知名度。

BTS 的歌曲裡，可以聽到帶有哲學意涵又打動人心的歌詞，甚至是帶有政治意涵的詞彙。

不光只是快樂地唱歌跳舞就能夠幸福，當你跟著哼唱時會產生「這個也是我的問題」、「這也是我生活的地方會出現的社會問題」等共鳴。

BTS 的「Why」，透過歌詞烙印在每個人的心中，藉由這樣的方式與歌迷共享過程，與粉絲一起往前走。透過綿密戰略拉攏粉絲的 BTS，會在國際樂壇走紅也是必然的結果。

35

傑尼斯事務所的粉絲策略

　　日本男子偶像帝國的傑尼斯事務所，也是一直藉由過程商機的手法，不斷推出新人。無論是已經解散的天團 SMAP 或是嵐的成員，都不是突然間就華麗出道。加入事務所的每位成員首先都隸屬於傑尼斯 Jr.（小傑尼斯），在已經出道的團體後方負責伴舞累積實力。

　　每位成員都把結成新團體出道當作夢想而努力，這個過程會讓粉絲在藝人還沒沒無聞時就想支持他們，傑尼斯事務所非常理解歌迷們這種「推選」的心情。當傑尼斯 Jr. 成員的人氣和知名度越來越高時，「推選」的密度和濃度會到達某個階段，這時事務所就會提供這個團體出道的機會。

　　傑尼斯事務所在舉辦演唱會時，光靠粉絲俱樂部的會員，就能塞爆巨蛋或是武道館等場地。而傑尼斯事務所的創辦人喜多川，是如何把這些熱情的粉絲聚集在一起的呢？

　　聽說事務所會把演唱會結束後要搭相同路線電車的粉絲們，將她們的座位安排在同一個區域。

　　在回程的電車裡，粉絲們還沉浸在演唱會的餘韻中，內心想著：「今天的演唱會太棒了！」若是坐在附近的人剛好拿著傑尼斯的相關商品，粉絲便會在車廂裡興致高昂地討論著：「你也去了演唱會啊，那首歌超棒的！」因而變成朋友，擁有相同故事的粉絲社群就此產生。雖然這樣的故事我無法確認是不是真的，但這種如此重視粉絲的都市傳說，其實很像傑尼斯事務所的行事風格，我也再度從中獲得啟示。

　　線上直播和網路社群活躍之前，偶像的粉絲們以卡帶或 CD 播放偶像的歌曲，大家一起聽、一起聊天。如此一來，量能會越來越高漲，買了演唱會的門票後，會在會場上將累積的量能完成爆發開來。

　　傑尼斯事務所一開始便是採用過程商機的方法經營

偶像。

偶像的最終成果，也就是單曲，粉絲可以免費收聽，可能有人會認為這樣會導致音樂市場縮小，但事實上並非如此。音樂會或演唱會的票房，近十年呈倍數成長。在演唱會場裡販售的周邊產品，其銷售業績也跟著水漲船高，浴巾等相關商品賣得嚇嚇叫，其收入跟門票幾乎是不相上下。

另外，有越來越多藝人在 SHOWROOM 等的現場直播平台，上傳平日練習歌舞和日常生活的影片，也會收到來自粉絲的打賞。

娛樂市場雖然遭受新冠肺炎病毒（Covid-19）的嚴重衝擊，但等到疫情過去，非常渴望聽現場演唱的民眾，應該會再度回到演唱會的現場。就算在 YouTube 等平台能讓歌迷免費聽自己的創作，但創作活動的過程有助於提高粉絲的量能，很有可能光靠過程便可以獲得收益。

36

小米讓「大家一起製造」

　　採用過程商機的不光只有娛樂產業，就連一般企業也能看到成功的例子。2010 年在中國創業的小米科技（Xiaomi），就是典型的例子。

　　全球手機的市占率第一名是三星，第二名是蘋果，第三名是華為，小米緊追在後，位居第四名（2020 年的出貨台數）。小米在 2019 年底進軍日本市場，手機的相機功能有一億畫素，但售價僅只有 5 萬日元左右。

　　想要以平易近人的價格擁有智慧型手機，那就不可能買得到三星手機或 iPhone 手機所配備的所有功能，一定要有所取捨，思考一下哪種智慧型手機是自己最方便使用的。隨著軟體的功能越來越強，硬體也越來越容

易使用。

　　小米將支持者稱之為「米粉」，並且極為重視。小米在擁有 3,000 萬人的網路社群裡，公開各種商品的相關資訊，並從中尋找來自米粉的「擁有這樣的功能比較好」的意見。

　　小米會在每週一發布最新的商品資訊，從最多使用者希望增加的功能中挑選合適的點子，和使用者一起打造理想的智慧型手機。如此一來，使用者在新款手機上市前，就已經成為潛在的客戶。

　　這個方法是小米遵從的基本戰略，也就是「口耳相傳『鐵三角』」。

　　所謂的「鐵三角」是由三個要素構成：「商品」、「社群」、「資訊內容」。

　　在社群裡，完整公開具設計感且價格合理的商品，從開發到販售的完整過程。與米粉分享有幫助且令人感到期待的資訊內容，積極聽取使用者的回饋意見，並且反映在商品的製作上。

圖表 5-1　小米基本戰略―口耳相傳「鐵三角」

引擎	產品	經過千錘百鍊的研發測試將手機機能擴大到極限，獲得消費者極高的評價
加速器	社群	善於經營社群，讓更多的消費者成為米粉
連鎖關係性	資訊內容	創造話題性、讓資訊更為廣泛的滲透

出自：『參與感』
參照：LiB CONSULTING/ 中國小米：跟世界最大的社群行銷公司學到的事情（https:sss.libcon.co.jp//column/detail020）

　　其結果就是當商品問世時，使用者對小米的品牌忠誠度更高了。這就是過程商機的應用方式。

37

買賣農產品成功轉型的
二手平台

　　日本網路二手交易平台 Mercari 不是只有從事二手
商品、回收品買賣的生意而已。

　　聰明的農家將 Mercari 當作產地直銷店來做生意，
農家栽培的新鮮蔬菜便能以便宜的價格直接送到消費者
手中。

　　在 Mercari 賣蔬菜有兩個優點。第一、可以和顧客
直接面對面交易，降低商品的價格。如果透過農協來賣
農產品，在其流通的過程當中，農協和批發商會從中獲
利。另一方面，如果是超級市場或蔬果店，會有高額的

房租、水電費、人事開支等費用產生，店家得要確保一定的獲利，自然很難壓低價格。

農產品在 Mercari 直接銷售的話，自然少了中間業者從中獲利，農家可以拿到所有的收益。就算扣掉包材成本或代送費用，還能保有可觀的獲利。

過程經濟的第二個優點是最重要的。那就是生產者和顧客有了直接連結的管道，透過讓客人一直回購蔬菜，便能建立起一個溫暖的粉絲社群。

「今天的風很大，不過這麼棒的番茄收成了。」「今年青森大蒜的品質非常好。」由生產者親自寫下這些文字，和照片一起刊登在小報上，將這樣的印刷品連同蔬菜一起寄出去。

如此一來，消費者在跟某個農家買蔬菜時，會有種期待感。一邊購買輸出品（蔬菜），同時也享受了過程（農家的故事）。透過 Mercari 所產生的過程經濟，農業也出現了改變。

38

販賣憧憬的
「北歐生活道具店」

　　過去有一本叫做《Olive》（2003 年休刊）的雜誌，學生時代肯定每個班上會有女同學，會每個月固定買這本雜誌來看。像這樣的「Olive 女孩」通常在班上並不起眼而且個性溫順，「這裡不是我存在的地方」、「自己不是這裡的一分子」，她們一邊這麼想一邊回家，當她們翻開《Olive》雜誌時，可能才會有一種「這才是適合我的地方」這樣的安心感。

　　「北歐生活道具店」（https://hokuohkuashi.com/）被設計成提供給像「Olive 女孩」那樣，對自己住處非常講究的消費者購買商品的地方。他們渴望的居家空間

充滿了簡樸卻非常實用又具設計感的商品，這些人帶著這樣的想法來到此處選購商品。

　　該企業的創辦人青木耕平說：「我們不是在賣東西，反而像是在賣電影院的門票。」

　　「北歐生活道具店」所扮演的角色，不是只有把商品在線上賣出就結束了。而是讓客人能對簡單又時尚的北歐風格生活，抱持著憧憬。為了這樣的客人，他們將採購這些商品的想法和堅持（Why），透過部落格或是影片和消費者共享。

　　在 YouTube 官方平台上公開的原創影片，每個月有超過百萬次的點閱數。「製作者懷抱著這樣的心情製作商品。」「這個商品有這樣的歷史，我們特別為了日本消費者，多了些巧思的設計。」與消費者共享類似這樣的製作過程或小故事，這才是最大的樂趣，購買商品的這件事，其實就是目擊該過程的門票。

39

互動難以預測又
充滿樂趣的遊戲實況

　　過程經濟有趣之處在於能夠「慢慢顯露人的個性」。進入 2021 年之後，採邀請制、以聲音為主的語音社群 App Clubhouse 進軍日本，掀起一股流行熱潮。

　　在 Clubhouse 流行之前，YouTube 的遊戲實況非常流行。電玩女神本田翼和傑尼斯偶像團體 NEWS 前團員手越祐也，兩人將玩遊戲的影像在 YouTube 上播放，同時進行實況。為什麼這樣的遊戲實況會有趣呢？

　　遊戲基本上就是讓人面對各式各樣的麻煩，好不容易順利擊倒敵人、克服了所有障礙，卻因為欠缺集中力而失敗，突然間就 Game Over 了。「慘了！」在懊悔

的瞬間，平常不會顯露的真實一面，就這麼赤裸裸地呈
現出來。玩家的失策之處或是個性會隨著遊戲過程慢慢
顯露，這應該就是遊戲實況的有趣之處。

　　玩家沒有發生任何問題順利過關，這樣的遊戲直播
對觀眾來說一點都不有趣。比起抵達目的地，過程本身
才是內容。

　　除了發生各種麻煩，玩家在與他人有了互動時，也
會流露出真正的個性。以聲音為主的語音社群 App
Clubhouse，由於無法事先計畫，人與人之間的互動難以
預測又充滿樂趣，這款 App 將這件事具體呈現了出來。

40

Clubhouse 交流
無法預測的魅力

　　即時視訊服務的 Zoom 是以「開會」、「接受採訪」等溝通為目的而設計的應用軟體,因此非目的型的交友並不適合使用。

　　關於這一點,在 Clubhouse 這個平台上,很多人會有「意外認識了有趣的人而且聊得非常開心」這樣的體驗,因此若是非目的型的交流,Clubhouse 是比較適合的。更進一步說,Clubhouse 也可以說是促成座談會的利器。

　　在社會溝通學的世界裡,有一個詞叫做「偶然碰撞」(Casual Collisions)。當你走在路上,突然聽到有人跟你說:「哇,好久不見了。」像這樣輕鬆地跟你

打招呼。

接下來，你們的會話可能會從「最近在做什麼啊？」之類的話題，開始閒聊起來。受到新冠病毒疫情的影響，大家不再聚餐，遠距工作成為了主流，與人面對面交流的「偶然碰撞」不再出現，而 Clubhouse 讓這件事得以再度回到日常生活中。

Clubhouse 是屬於邀請制的社群網路服務，只有知道自己電話號碼的人才可以邀請自己參加，而且只能聽到自己追蹤的人的聊天室會話，在這樣的架構下，很容易出現「偶然碰撞」。

新冠病毒出現之前，IT 創業者或革新者每晚在六本木或西麻布聚餐。只要在 LINE 上面問一句：「現在人在哪？」大約在兩三分鐘車程可到的地方，肯定有人在那裡。「如果家入先生人在那裡的話，我們就換間店吧。」「崛江貴文外找，要不要過去？」類似這樣的偶然碰撞，已經移轉到部分的 Clubhouse 裡。

另一方面，Clubhouse 的使用者，並不是只有日本電子商務網站 DMM 的龜山敬司會長或市川海老藏那樣厲害的人物，也有像是腐女族、高中生那樣的團體。

去那些團體的聊天室聽他們談話，很像是放學後在卡拉OK 包廂裡的感覺，非常隨興而且有趣。

煩惱著不知道該怎麼談戀愛的二十多歲年輕人，在聊天室裡向眾人拋出純真的提問，想了解該如何成功墜入愛河。Clubhouse 裡，有「戀愛休息室」這樣的聊天室，當然也有喜歡釣魚或愛去三溫暖這種聚集相同愛好者所建立的聊天室。

比方說，文壇聊天室或是釣魚愛好者聚集的聊天室，就像新宿黃金街或澀谷 109 十字路口那樣，針對不同客群、具有獨特風格的店家櫛次鱗比。五到六位客人在三更半夜低聲聊天，突然有一位名人加進來一起聊天，這就是 Clubhouse 這個空間的魅力。

我想等到新冠疫情受到控制之後，大家應該還是會回普通酒吧聊天喝酒吧。在回到舊日時光之前的這段青黃不接時期，將個人交流過程公開的 Clubhouse 出現了，這是個值得玩味的現象。

2021 年 6 月，或許是因為熱潮來得太快，Clubhouse 的氣勢快速消退，但已足夠展現出過程經濟的極人可能性。

41

創業九年，市值達 10 億美元的 Zappos

我來跟大家介紹 Zappos.com 最棒的一件事情。

很多企業為了販售自己公司製作的商品，付給通路商鉅額的手續費。如果不這麼做的話，商品只能被放在貨架上。例如亞馬遜（Amazon）或是樂天那種網路電商，會從營業額中抽取 10% ～ 20% 或 15% ～ 25% 的費用。

網路電商上販售許許多多的商品，為了集客得要打廣告。在 Google 或是 Facebook 上打廣告，得要花上營業額 10% ～ 25% 的廣告成本。換句話說，要把商品送到顧客手上的企業，為了要吸引顧客購買，就得一直花

去營業額三分之一的廣告費才行。

隨著過程經濟的擴大，夥伴會越來越多，就可以抑制通路，不需要為了吸引顧客而投下龐大的廣告費，也不再依靠某個通路平台，而是直接與顧客接觸。不再是對不特定的多數打廣告，而是與粉絲建立同謀關係。省下來的費用可以用於提升商品的品質，或是投資在新商品的開發。這樣的方式對企業和顧客而言，可說是雙贏。

比方說鞋子，如果不親自試穿的話，不知道穿起來舒不舒服，據稱是最不適合用電商來販售的商品。儘管如此，Zappos 自 1999 年創業以來，以不到十年的時間，年營業額已經達到 10 億美元的規模。（2008 年）

「我們是接待服務業，只是剛好在賣鞋。」「我們想帶給顧客一個 Wow ！的驚喜。」

提出這種想法（Why）的 Zappos，實際上是怎麼發揮顧客至上的精神呢？

當顧客在線上提出了「想要尋找某個款式的鞋子」這樣的需求時，如果 Zappos 剛好沒有該款式的鞋子，客服人員會主動打電話到顧客住家附近的 ABC Store 幫

忙找鞋,然後告訴顧客:「在距離您的住處四英里的ABC Store 有您想要尋找的鞋子,我已經確認過該店有庫存,不知道您決定怎麼做?」

如此一來,該位顧客的內心肯定會讚嘆地喊出「Wow」,而且會想要將這個充滿驚喜的「Wow」傳達給身邊的人。

一次的購買經驗就讓顧客愛上,之後就算價格貴了一點也會讓消費者想要在 Zappos 買鞋,而且靠著口耳相傳,粉絲會越來越多。

慢慢地,Zappos 的營業額中,回購的客人占了四分之三。剩下的四分之一裡,有將近一半是靠著口耳相傳選在 Zappos 買鞋。

這樣的結果當然會減少上架費和廣告費的支出,企業的花錢方式,因為共享「Why」的過程經濟而出現了改變。

42

廣告費用只占營業額 1%

　　一般的企業，其營業額的兩成到三分之一是用
在廣告宣傳費上，四分之一是用在流通成本上。儘管
Zappos 沒有投入相關的宣傳經費，卻能靠著過程引發
顧客的共鳴，促使他們來購買鞋子。

　　Zappos 的廣告費，僅僅只占了營業額的 1%。不過
靠著顧客回購的該企業，為什麼要打廣告呢？

　　「Zappos 的員工是如此地重視顧客，公司有這樣
的員工，我們非常開心。」該企業在廣告裡，大力稱讚
自家員工。

　　讓顧客發出「Wow!」的驚嘆聲，在這樣的企業理
念下，不光是顧客就連員工也被拉了進來，企業、員

工、客人形成一個充滿量能的社群，Zappos 靈敏地抓住過程商機的本質。

Zappos 在成為營業額 10 億美元的企業之後，它在 2009 年被亞馬遜收購。

Zappos 對亞馬遜開出的條件是，不得干涉企業的經營和文化。

儘管對方的條件如此強硬，但亞馬遜創辦人傑夫・貝佐斯（Jeff Bezos）仍願意接受，將 Zappos 納入自己的事業版圖之下。

「只要營業額能夠提高，我完全不會干涉 Zappos 的經營和文化。」透過這樣的約定之下，Zappos 被收購之後，也能保有原來的企業文化。

43

成功打造 Airbnb 的
矽谷孵化器 Y Combinator

矽谷最大的孵化器（新創的支援組織）Y
Combinator，每年會定期進行兩次的全球募集。從募集
案裡嚴選出大約一百件的企畫，花三個月的時間製作成
商品。

Y Combinator 和新創公司面談的內容取名為
「Office Hour」，並且在 YouTube 上面公開。對外界
公開平常無法看到的過程，這就是過程經濟。

在 Y Combinator 的協助下，Airbnb 和 Stripe 等改
變世界的企業，接二連三地冒出頭。

對 Y Combinator 的面談官而言，小的技術理論一

點都不重要。他們針對「Why」的部分，也就是與革新有關的故事，深入地追根究柢。就在這樣的交談之間，創業家會在某個瞬間感受到自己脫胎換骨。

等到對方發覺「原來我想要做的是這個啊」，Y Combinator 的面談官會立刻接著問說：「如果想要這麼做的話，要不要考慮這樣的架構？」適時地給予建議。這麼一來，新創公司立即起飛。

當會談的過程公開之後，大家紛紛意識到：「什麼，這樣一來一往就能孕育出如此棒的事業！？這樣的話我也可以辦到！」全世界的創新者也因此聚集到 Y Combinator。

像這樣提煉問題與答案的過程公開後，大家也會開始這樣想：「原來是這樣啊，只要像這樣自問自答就可以了。」如此一來，面談的水準也跟著提高。

技術等細節，只要在網路上搜尋，就可以免費學到非常多。

將各式各樣的過程與眾人共享，同時專注於這個事業本質的「Why」，藉由這樣的方式，就能夠催生出矽谷第二個、第三個 Airbnb。

第 **6** 章

過程商機常見的
八大誤區

44

只追求過程共享，
卻拋棄初心

　　本書寫到這裡，我一直在說明過程經濟的優點，當然，過程經濟也是有缺點和危險性。

　　尤其是在社群平台上公開過程與其他人共享，這對生活在現代的任何人而言，都是個很容易上癮的陷阱。

　　簡單來說，靠著過程來賺錢，反倒失去了原本的「Why」（為什麼要做、特色、哲學），這樣的個案也是有的。

　　舉例來說，非常容易吸引他人目光的人，因為善於公開過程，集資和吸粉的能力遠超過實力。如此一來，只好不斷增加過程的刺激性，否則很難持續下去。

　　在別無選擇之下，這個人只能進行更大的挑戰，越來越急進，挑戰也就越來越難達成。

　　當輸出的結果不如預期時，觀眾自然就會非常生氣地直問「這是怎麼一回事」，將這個人扣上詐欺犯的名號；相反地，熱心支援的人則會說：「不要在乎反對的那些人！」

　　這個人也會因為被批判逼到絕境，開始攻擊反對的一方，使得衝突變得更加白熱化。在無法產出具體成果的情況下，創作者自然會浮現「懂的人懂就行了」這樣的態度，把狂熱地追求過程共享這件事當作目的，完全拋棄了自己開始做這件事情的初心。

　　就短期來看，把焦點「僅」放在過程上，的確能有效地聚集資金和關注力；但長期來看，這個做法很容易走上失敗的道路。

45

偏離本業，只利用粉絲獲利

誠如本書所述，尚未有實際成績的人在面對挑戰時，透過分享過程去增加支持人數或籌措資金，這是沒有問題的。

如果不是這樣的話，就會變得僅有那些已擁有資金和人脈的人，才可以進行下個挑戰，彼此之間的差異將越來越大。

不過，光提出遠大的願景，是不會結成果實的。若是陷入「持續傳遞願景，不斷強調夢想的重要性，進而吸引眾人視線、獲得足夠資金」的過程，就得承擔對任何人而言都很難脫身的危險性。

如果有一位年輕的企業經營者，對自己的事業提出

遠大的願景，調度龐大資金，然後不斷在 Twitter 等社群平台上宣揚夢想的重要性或對夥伴的想法，甚至到處去演講、上電視，在線上沙龍收取會員的月費。一旦流於這樣的形式，他就會離本業越來越遠，漸漸無法在本業上累積小成果。

比起在本業上腳踏實地累積成果，利用過程吸收粉絲獲利，這樣的方法的確簡單多了。

真正困難之處在於，「提出遠大的願景，提高期待值，打造出有利於獲得人才和資金的狀況」—— 對企業家或創作者來說，確實是個既不容易又非常重要的技能（前提是沒有謊言參雜其中）。

Twitter 的追蹤人數或關注度增加時，明顯有益於集客、資金調度及人才的獲取，這點是不爭的事實。

如果少了這個，一開始的幾步路會走得比較不順利；但更要注意，若調整方向的操縱桿稍有偏差，就可能會踏進地獄之路。這正是過程經濟時代必須要有的意識。

46

一旦巴結觀眾，
就會失去魅力

「00:00 工作室」透過直播，公開呈現創作者在工作時的模樣，我們以這個模式為例來思考看看。

通常，漫畫家創作時的樣子，是不會讓外界看到的。因為這個工作需要集中注意力全神投入，漫畫家都是在一個超級孤獨的環境下工作。NHK 教育頻道有一個名為《漫勉》的電視節目，由漫畫家浦澤直樹擔任主持人，該節目前進漫畫家的工作場所，用影像記錄他們創作的實際狀況，非常受到歡迎。

在「00:00 工作室」這個平台上，漫畫家以現場直播的方式公開自己創作時的樣子。將鏡頭設置在自己工

作桌的前方，不讓觀眾看到自己的表情，只能看到他畫漫畫的畫面。

「一根一根的頭髮是這樣認真地描繪啊」、「那個顏色原來是這樣調配出來的」，觀眾若能夠知道這些祕密，肯定會成為這部作品的鐵粉。

窺看漫畫家創作過程的舉動，進而感受到漫畫家的創作哲學或特色，將這樣的「Why」與大家一起共享。

其實不光只是直播漫畫家埋頭作畫的過程，途中有些漫畫家還會不經意地說：「這個地方其實還滿難畫的。」「我這樣畫是基於這個原因，希望有好好地傳達給大家。」

影片下方的留言裡可能會有以下評論：「原來是這樣畫出來的啊，我最喜歡這個角色了，能知道創作幕後的細節我很開心。」漫畫家則給予「你能這麼想我很開心，我會繼續努力」之類的回覆。

職人認真工作的樣子，觀眾沒有必要一直盯著不放。可以一邊看著，一邊煮飯或念書。就像在圖書館裡和朋友一起念書那樣，有種和專注於工作的創作者共同努力的感覺。

不過這樣的做法也是有陷阱的，因為在直播過程中會有不少人留言加油、打賞或贈送禮物，讓分享過程的創作者很開心。

為了回應打賞的人，自己內心的「尺度」很可能會因此而動搖，變得過於靠近觀眾。原本直播過程只不過是創作活動的手段，結果卻讓這件事情變成了目的。這會讓創作者的集中力下降，反倒讓自己的「Why」去配合觀眾的留言或反應。創作者過去所堅持的核心價值因而動搖，一開始非常開心的粉絲們，看到創作者的改變，內心也會慢慢出現疑惑及違和感。

過程之所以會如此吸引人，是因為那個人能堅持自己的「Why」，不受外界影響而動搖，讓觀眾感受到他獨特的尺度標準，也想要效法。也因為如此，觀眾才會想參與過程，非常投入的人就會成為第二創作者，身體力行支持對方。

創作者一旦開始巴結觀眾，就會失去自己的魅力所在，也就是「Why」，然後漸漸變成虛假的自己。

47

造成思考僵化的「過濾汽泡」

　　在線上沙龍、網路直播及社群平台上公開過程後，一旦有了粉絲或社群，比起產出的內容，這是由誰基於什麼樣的想法製作的，反倒更為重要。另一方面，也有可能陷入「過濾汽泡」的危險。

　　成為網紅之後影響力不斷增加，按讚人數肯定也會變多。大家都想和網紅當朋友，只會說出肯定意見的 Yes Man 也變多了。網紅聽不到反對的意見或是刺耳的批評，不知不覺之間，就成了童話故事《國王的新衣》裡的裸身國王。

　　當外部各式各樣的訊息被過濾後會發生什麼事？人不僅會產生偏見，還可能誤把片面的資訊當作常識。被

這些過濾後輕飄飄的泡沫包圍，只會聽到讓自己高興的資訊，如此一來更加深了偏見，思考模式也會越發僵化。

2016 年，英國民眾投票決定脫歐，而被認為不可能當選美國總統的唐納‧川普（Donald Trump）成功入主白宮。輿論意見如此兩極，英國和美國的民眾會做出如此偏激選擇的理由之一，就是過濾汽泡。

「沒有必要牽連鄰近國家，只要追求國家的利益就行了」、「遂行美國優先」，兩國的領導人，大聲地提出標榜孤立主義和獨善其身主義的訴求。

美國前總統川普的做法尤其激烈。不斷地說些不堪入耳的話，巧妙地羅織誹謗他人的消息和假新聞，煽動那些困在過濾汽泡裡的群眾。

採行過程經濟的人，也很有可能出現過濾汽泡的狀況，這樣的危險性應該事先知道比較好。

在封閉的世界裡，若是認為自己無所不能的話，只會加速過濾汽泡造成的扭曲觀感。

過程中的同行者越來越多的話，會產生「自己所看到的風景就是全世界」這樣的風險。因此，偶爾也要踏出同溫層，客觀地審視自己，這一點尤其重要。

48

別讓過程掌控自己的人生

　　2018 年 5 月，登山家栗城史多於聖母峰上罹難。他登山時沒有雇用搬運工而是獨自行動，同時也沒有攜帶氧氣瓶，如此冒險的舉動是栗城的賣點，然而不幸的是，他卻在這場挑戰途中不慎摔落身亡。

　　栗城先生在一個極度嚴酷、幾乎是與死神為鄰的環境下，不斷挑戰全世界的高山，並將自己爬山的畫面全程直播。

　　想要攻頂超過 8,000 公尺的聖母峰，只靠努力是不夠的。高山上，隨著海拔不斷上升，空氣也越發稀薄，據說最後還得要徹夜攀爬。一旦在沒有氧氣筒的危險環境下睡著，很有可能就再也醒个過來。他公開登山家不

為人知的嚴酷過程，靠著網路直播獲得了不少鐵粉。

2020 年秋天出版、由河野啓寫成的遊記《死亡地帶：栗城史多的聖母峰劇場》（デス・ゾーン 栗城史多のエベレスト劇場），書中赤裸裸地描述了栗城的登山家人生。他這一生挑戰了八次聖母峰，甚至還因為凍傷失去了九隻手指頭。

書裡也寫到，有人認為做為一位登山家，栗城還不夠成熟。單獨一人而且不攜帶氧氣瓶想要攻頂，這麼一個有勇無謀的挑戰，為何不能中途放棄呢？在如此過於競爭激烈的直播環境當中，越是能引起話題就越能夠獲得粉絲的支持，而且還能從贊助商那裡得到高額的贊助資金。自己身為登山家的姿態在鏡頭前露出，為自己的演出加碼，這幾乎等同自殺的行為，讓他最後葬身在聖母峰裡。

我並不知道該書所寫的內容，是否全都是事實。

栗城在周遭人們的關注之下，對於網友希望看到的這個魯莽挑戰，最後也只能硬著頭皮繼續下去。在不知不覺之間，整個過程越發激進，反倒讓過程操控了自己的人生。

　　這本書所指出的某個觀點,對生活在如今這個由社群平台掌控的社會的人們,其實極為重要。

49

誤把「觀眾」當作「主體」

　　荷蘭哲學家巴魯赫・史賓諾沙（Baruch Spinoza）
在《倫理學》（*Ethica*）這本書當中提到，最終目標是
「自由」，而自由的相反是「強制」。

　　我們明明是依照自己的意識活著，但是在過程經濟
之中，反映觀眾期待的這件事卻成了目的。然後在不知
不覺間，觀眾成了主體，自己反而陷入了人生方向盤被
他人操控的狀態。

　　為了不讓網友產生「之前說了會那樣，但結果卻不
是」的想法，於是讓自己的行動被他人的目光所束縛。

　　**當自己的「Why」不再有影響力，也難以繼續吸引
周遭的人，結果便只能靠著觀眾創造出的假象活下去。**

因為焦躁，便急於嘗試不符合自己能力的挑戰，犯下難
以挽回的錯誤。

　　為了防止這種狀況發生，所以要經常反思自己的
「Why」，避免自己被他人的期望綁架。自己是為了什
麼目的而做？對自己而言最重要的是什麼？要經常反問
自己這些問題，持續反省自己是最重要的。

50

過於耽溺過程，得「注意現實」

　　不過，不符合自己能力的挑戰這件事本身，並不該被否定。

　　無論是像孫正義那樣的企業家或是像本田圭佑那樣的運動員，一開始他們都提出了偉大夢想卻遭到周圍的人嘲笑，透過不斷地努力終於夢想成真。

　　有人說，天才和詐欺師只有一線之隔。

　　那麼耽溺於過程而最終產生了成果，和為了有結果而採取堅實的步伐前進，這兩者之間有什麼不同？

　　關於這一點，Uniqlo 社長柳井正的著作《看得見的事實》（現実を視よ）中，有一段話值得大家牢記

在心。

　　過於耽溺於過程的話，會難以承受偉大夢想和腳下現實的差距。

　　嘴上講得很宏遠，但實際上卻做得不怎麼樣，這對於勇於挑戰的人來說是必經的過程，問題在於他們會逐漸無法直視殘酷的現實。

　　網路服務公司 Cyber Agent 社長藤田晉曾這麼說：「要胸懷遠大的志向，咬著牙努力地讓公司和人才的成長，經年累月地縮小理想與現實間的差距，我認為這是企業家的工作。」他的這段話，其實不僅限於企業家。

　　因為社群平台的普及，過程產生了價值。也因為如此，在輸出品完成之前有了粉絲，甚至開始收取費用。正因為這樣，才更不應該耽溺於過程，而是要直視理想與現實的差距，一步一腳印地去填平兩者之間的距離，這才是最重要的。

　　看起來亂無章法的人們，對於風險的控管其實是非常厲害的。

　　因為他們懂得將過程設計在就算失敗了，也有餘裕重新再來的範圍之內。孫正義先生給人一種「充滿野

心」的感覺，但他其實是一位「善於控管風險的人」。或許做法看起來很粗暴，但每件事情他都看得十分透澈，並清楚地畫出一條不可跨越的底線。儘管一路走來他的事業曾遭遇許多危機，但他都能順利地化險為夷。

51

搞錯「Will」、「Can」、「Must」的順序

透過過程經濟集結夥伴，需要的是偉大的夢想。

「成為偶像團體的 C 位並站上武道館」、「想要發射火箭進入太空」……夢想越是偉大，其過程越是閃亮。

話是這麼說，但很多年輕人因為找不到「自己想做的事情」，因而消沉或煩惱。

我想當各位還是社會新鮮人時，應該曾聽過依照「將來想要做的工作」（Will）、「自己能做的工作」（Can）、「必須要做的工作」（Must），這三個順序來安排工作。

　　這個方式源自於 Recruit 這間人力仲介公司，在該公司內部的進修中，會定期將「本人想要實現的事情」（Will）、「想要善用的個人強項和想要克服的課題」（Can）、「有助於能力開發的任務」（Must），記錄在「WCM 卡」上，藉此確認每位員工在工作上的任務分配。

　　上司說：「因為是新人，就先做這個工作吧。」新人還搞不清楚狀況，就這麼被分配了工作（Must）。

　　隨著經驗的累積，個人擅長的工作領域也因此出現（Can）。

　　「做得很不錯呢！」像這樣被稱讚，甚至會有人來拜託「這份工作希望由你來做」，或是根據自己的想法透過企畫書去完成自己想做的事情（Will）。依照「Must」→「Can」→「Will」的順序，在工作崗位上一步一步往上爬，這是一般的情況。

　　不過現在，無論是在社群或書店的書架上，充斥著類似「靠著自己喜歡的事物生活下去」或是「找到自己想做的事情」這樣的句子，映入眼簾的全都是「想做的事」這個詞。

實際上，一開始就從「Will」做起的人，全世界可說是少之又少。「雖然不想做這樣的工作，但為了生活不得不這麼做」，像這樣從事「Must」（非做不可的工作）的人幾乎占了大多數。

在電視上或是網路上非常活躍的人，看起來很像是一開始就在「Will」這條路上奔馳，如果是抱持著這樣的看法，很有可能錯看這些人真實的樣貌。比方說西野亮廣，他每天非常辛苦地持續作畫。為了讓繪本多賣出一本，拚了命地在書上簽名，他的手差點就要得肌腱炎。

可能會有很多人想著「好羨慕西野先生能做自己想做的事情」，或許表面上看起來是這個樣子，但是「Must」和「Can」的工作，他做得比誰都多，所以現在才能做自己「Will」的工作，沒有人可以光靠「Will」的工作賺錢。

如果說你是屬於「我現在還沒找到自己的 Will」的人，這樣也完全沒問題。可以先去幫某個人做「Must」的工作，過了一段時間後，就會發現自己「Can」的工作。隨著「Can」的工作經歷增加，終於

發現了屬於自己的「Will」，這樣的做法也是可以的。

焦躁地陷入自我承認的欲求，找了不符合自己或是從事屬於別人的「Will」，這樣的做法萬萬不可。

不要搞錯「Must」或「Can」的順序，總之去做各種嘗試。如此一來，肯定會找到屬於自己想要做的事。

第 **7** 章

過程經濟
如何改變我們？

52

孕育出全球暢銷書的
生活方式

　　如今，過程商機在全世界的規模越來越大，而這對
個人的生存方式將會有什麼樣的改變，我想在本書的最
後一章，跟大家一起討論這個問題。

　　近藤麻理惠（暱稱 KonMari）的著作《怦然心動
的人生整理魔法》在 2010 年底上市，並且在全世界被
翻譯成 42 國的語言發行，相關的系列書籍一共賣出了
1,300 萬本，堪稱是暢銷排行榜上的常客。

　　麻理惠的先生是川原卓巳，同時也是她的製作人，
非常有才華。

　　2020 年底，川原卓巳的新書《我要的新人生》問

世。讀了這本書就會明白，近藤麻理惠的生活方式其實就是過程經濟。

麻理惠五歲時，因為母親是家庭主婦，會定期購買《ESSE!!》或是《Orange Page》等雜誌，而她總是比母親早一步翻閱雜誌。

由於母親很享受主婦的工作，於是那時候麻理惠的夢想是成為一位優秀的主婦，一邊看著雜誌，同時愉快地做著家事。

她變得會做菜，也會裁縫，唯有整理家務卻是怎麼做也做不好。這樣的結果，使得她一頭栽進了整理家務的世界裡。

「為什麼整理了這麼多次，屋子還是這麼亂呢？」

她持續研究，在她十五歲的時候得到一個結論，那就是：「啊，原來是這樣啊。只要留下讓人怦然心動的東西就行了。」秉持著這種想法，她整理過的地方頭一次不再凌亂。

由於她還想要繼續研究，當她整理完一處之後，又繼續開始整理其他地方。學校、哥哥的房間、同學的住處等，到處去幫別人整理。

進入大學之後，近藤麻理惠意想不到的幸福降臨。

那就是獨居的朋友變多了，這些男性朋友、女性朋友的家，都成了她實踐整理方法的場所。

她去跟朋友說：「可以拜託你一件事情嗎？能不能讓我去整理你的住處？」然後就到各個朋友家去。

於是乎，朋友間開始口耳相傳說：「KonMari 每次來我家玩，家裡都變得非常整齊」。

慢慢地，就連她自己不認識的人也跑來拜託她說：「請妳幫我整理家裡，我願意付錢給妳」，於是她從十九歲開始將整理當作一門事業。

當她以整理諮詢顧問的身分開始工作時，半年內的預約很快便被填滿，新客人只能排在半年之後。她還將整理的方法出了書，更因為那本書大賣，讓她成為日本家喻戶曉的人物。

她的書在美國《紐約時報》（_The New York Times_）的暢銷書排行榜也位居第一，創下了連續七十週冠軍的紀錄。之後，她將生活據點移往美國，目前全世界有六十個國家的學員取得了 KonMari 流派的整理顧問資格，大約有 700 人每天從事幫人整理房子的工作。

　　2019 年初，Netflix 播出了她的真人實境秀《怦然心動的人生整理魔法》（*Tidying Up with Marie Kondo*）。節目的內容是麻理惠前往雜亂不堪的民眾家中，與屋主一起整理房子。而節目非常受到歡迎。

　　其實，麻理惠的生活方式，就是不折不扣的過程經濟。

　　無論是出版暢銷書籍，又或者是將生活重心移往美國，這些都不是她當初所期望的。她只不過是熱中於整理這件事情，而且比起任何人都享受這份工作。

　　本來，整理是一件很麻煩的事，讓人遲遲提不起勁來，總是一天拖過一天。不過，這對整理的狂熱分子麻理惠來說，她卻找到了其中的樂趣，而且表現山愉快的一面，這也感染了接觸 KonMari 整理法的人。「整理是件愉快的事」，這樣的口耳相傳起了連鎖反應。

53

將人生娛樂化，
加入快樂元素

這個話題提供了一個非常有趣的見解。

也就是在過程經濟的時代，「娛樂轉型」
（Entertainment Transformation, EX）這樣的想法十分
重要。

我用川原卓巳最早使用的話，也就是「娛樂轉型」
來解釋。

人是活生生的生物，將所有的過程加入了快樂的元
素，才有擴大的可能性。

川原之所以會提出「娛樂轉型」的主意，是他在與
田村耕太郎討論地方創生相關事宜的會議中想到的。

　　田村認為，要解決地方創生，將過程娛樂化是非常重要的。

　　將「正確的」變成「快樂的」，就算沒有從中感到其價值的人，也能被感染，把各式各樣的人都拉進來。與其正確地解決困難的課題，倒不如快樂地解題。

　　而田村的這段談話，被川原以「娛樂轉型」（EX）來詮釋。

　　近藤麻理惠的人生就是 EX 化的體現。

54

享受自己擅長的事，
讓大眾熱中

像近藤麻理惠這樣，我們也可以將所有的過程娛樂化，讓大眾享受這段過程；但要進一步讓大家熱中於此，該怎麼做比較好呢？

樂天大學校長仲山進也認為，要讓人們熱中於一項事物，需要有三項條件。

第一項是「擅長」，第二項是「從事自己擅長的事情時非常快樂」，最後是「自己擅長的事情對某人有幫助」。

換句話說，享受自己擅長的事情本身即為目標。當它產生利他價值時，人們也會對此更加著迷。

　　這個將「過程目的化」的生活方式，在變化的時代極為重要。

　　在昭和時代[*]，人們將沒有的東西變成有，製作出便宜又性能好的車、比其他公司更輕巧的電腦等，這些都屬於「結果目的化」。

　　不過，在變化的時代，一開始根本不知道目的地在哪裡，只是因為往前進很快樂所以向前行，最後出現了令人料想不到的結果。

　　如同近藤麻理惠，因為整理這件事讓她感到快樂，她整理了家裡之後，又整理了兄弟姊妹的房間，等到自己家裡沒有地方好整理，她就去整理朋友的家，或是去陌生人的家裡幫忙整理。

　　這麼一來，「想要做」和「優點」有了相乘的效果，人就會出現「專注到忘記時間」這樣的狀態，越來越成長。靠著「想要做」和「擅長」產生的相乘效果也就越來越多。

　　為了滿足更多的「想要做」和「擅長」，就必須要

---

* 1926 年 12 月 25 日至 1989 年 1 月 7 日。

有更大的場所來「整理」。如此一來，自然就會前去更遠大的地方。

　　想要完成日本的整理工作，想要完成全世界的整理工作，快樂地從事自己擅長的工作，最終慢慢產生利他的價值。

　　在這個時候，本人並沒有利他的感覺，單純因為是自己開心才投入，屬於「自我為主的利他」，會認為整理這件事情是自己的「職責」。

圖表 7-1　熱中的三項條件

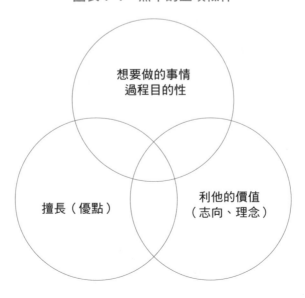

更何況，這麼做還能得到周遭人的感謝，整理這件事情便成了最讓人感到開心的事。

過程目的化可以加速成長，找到有助於成長、又是自己想做的事情。

踏上夢想之旅時，其他人也會被拉進行列之中，最終抵達周遭人也無比熱中的宏大目的地。

Google 的 20% 自由時間和正念

Google 有一個有趣的制度，叫做「20% 自由時間」。

Google 的工程師可以利用 20% 的上班時間，去進行自己感興趣的項目。

換句話說，無論是現在自己感興趣的項目或是一時興起的項目，都可以花 20% 的時間試試看，如果項目順利進展的話，就可以正式對外推廣。

如果用一句話來說，那就是「活在當下」。

我認為 Google 採行的這項制度，向全世界推廣的

是「正念」（Mindfulness）。

本來，我們人類就是因為能預測未來而存活下來。

舉例來說，狩獵時，我們將當作誘餌的動物放在陷阱裡，那是因為我們知道獵物會為了誘餌而掉入陷阱中，這其實就是一種預測未來的表現。而這種預測未來的能力會讓我們減少失敗，提高成功率。

另一方面，獵豹狩獵成功的機率竟然不到 7%。那是因為獵豹無法做出關鍵預測，只能仰賴瞬間的判斷採取行動，結果不是成功就是失敗，這並不是好方法。

對人類而言，如果說成功機率不到 7% 的話，通常會很氣餒。預測雖然可以提高未來的成功機率，但同時也會因為好像不管怎樣都會失敗、不知道未來會變成怎樣而感到不安。

我們雖然是活在當下，但有時還是會擔心，今天去上班的話會不會因為什麼樣的事情惹得上司不高興，總是被過去不好的經驗所束縛而害怕未來。

像 Google 工程師那樣的優秀人才，在他們的頭腦裡，充滿了各式各樣與未來有關的問題。

不過奧地利經濟學家約瑟夫・熊彼得（Joseph

Alois Schumpeter）卻是這麼說的，他認為：「所謂的創新，是日常與遙遠未來的新結合。」

自己的腦袋裡所思考的只是當前情況的延伸，不會有新的答案。不過，一旦和至今從沒見過的東西有所連結之後，就會產生「原來是這樣啊！原來還有這種方法」的新發現。

人類總是對未來產生不安，對過去感到後悔。但是，讓我們先暫時將這樣的想法拋諸腦後，試著在這一瞬間將心力集中在過程上，這也是一種「正念」的訓練。

「20% 的自由時間」讓人得以把時間投注在當下。

雖然並非有意將這二者結合在一起，但打破現狀才有可能創新。「現在才是最重要的」，是 Google 的這項制度教會大家的事。

56

公開過程，
就像發現砂糖的螞蟻

　　最能將過程經濟體現在組織架構上的企業之一，就是 Netflix。

　　要先說明螞蟻發現糖的過程。

　　不小心將一點點的砂糖或蜂蜜撒在地板上，家中就會出現由小小的螞蟻所形成的隊伍，不知道大家有沒有看過呢？如果將甜食放置在某處不做處理，肯定會有螞蟻發現並且開始搬運。

　　其實，螞蟻不像能在空中飛翔的鳥類，具有俯瞰的能力。

　　但為什麼螞蟻能夠發現在距離螞蟻窩很遠的廚房

裡，有掉落在地上的砂糖呢？況且，螞蟻並沒有靈敏的
嗅覺，也無法像鳥一樣從空中眺望地面，然後發現「往
那邊去的話會有砂糖」。

　　好幾百隻、好幾千隻、好幾萬隻的小小螞蟻，從一
大早開始一整天毫無規則地四處行走。當許許多多的螞
蟻毫無目標地走來走去時，偶爾有那麼一隻螞蟻發現了
砂糖。

　　牠一邊釋放出費洛蒙，一邊試著回到螞蟻窩裡，但
可能無法正確掌握巢穴的位置。一邊抱持著「窩大概是
在這邊的方向」的想法，同時漫無目的地回巢。

　　那隻螞蟻，或許很遺憾地無法走回螞蟻窩。但是，
其他螞蟻聞到了費洛蒙的味道，產生「好像有誰發現了
食物」這樣的想法，開始聚集。一起追尋蹤跡費洛蒙的
痕跡，終於許多螞蟻來到了砂糖掉落的地方。

　　大群的螞蟻從那裡尋找返回螞蟻窩的路時，慢慢地
將食物所在地到螞蟻窩的動線固定下來。某隻螞蟻找到
了費洛蒙最濃的地方，然後另一隻螞蟻繼續分泌。在砂
糖與螞蟻窩之間，自然而然便形成了螞蟻往來的行列。

　　螞蟻毫無目標地照自己的意志徘徊遊走，在這個過

程中，偶然地螞蟻 A 來到了砂糖落下的地方。然而光靠螞蟻 A 的力量，無法將砂糖搬回螞蟻窩，但其他夥伴聞著螞蟻 A 所釋放出的費洛蒙，自然就會集結在一起。當牠們知道「好像有夥伴走回窩裡了」，這條路線上的費洛蒙就會被其他的螞蟻一次又一次地加深。

連結螞蟻窩和食物之間的動線之所以會失效，那是因為費洛蒙已經變淡。最終，連結螞蟻窩和砂糖所在位置的最短動線上，會形成一條費洛蒙非常濃烈的路線。

這樣的行動，在思考和價值觀以結果為導向，並以此為基礎的社會是難以想像的。但是，這對生活在變化時代的我們而言，螞蟻「以過程為目的」的行動，才是「尋找答案的正確做法」。

不隱藏過程對外界公開，比較容易聚集合作者。對螞蟻來說，散發費洛蒙的行為，之於我們就像是公開過程。

因為公開過程，不光是徘徊的螞蟻，眾多領域裡的優秀專家，也會靠過來。如此一來，就算是身處一棟十層樓的建築物裡，螞蟻也能像尋寶似地找出落在六樓廚房裡的砂糖。就算有鳥的眼睛也不太可能會發現的珍貴

砂糖，肯定會被這些充滿熱情、毫無目的、四處走動的
螞蟻所發現。

一群徘徊螞蟻造就 Netflix

螞蟻的故事為什麼會跟 Netflix 有關呢？

美國康乃爾大學詹森管理學院常務董事唐川靖弘是這麼說的：

前進的目標不是以高效率、直線的方式進行，而是被內心的「某個想法」所喚醒，在對人生有著期待的同時，不為自己設下界線，愉快地四處探索。「徘徊螞蟻」的工作方式，才是走在時代前端的工作方式。[*]

---

[*] 摘錄於網路雜誌「CINTA.NET」上的連載文章〈孕育出創新的「徘徊螞蟻」的工作方式〉（イノベーションを生む「うろうろアリ」の働き方）。

　　唐川靖弘在文章中將「徘徊螞蟻」一詞，以英文的「Playful Ant」（四處遊玩的螞蟻）來解釋。這樣的工作方式並不是為了看到成果、提高數字而孜孜不倦地工作，而是基於好奇心的驅使，讓這個社會變得更有趣。

　　在重視「Playful Ant」的企業裡，絕對不會聽到上司斥責下屬說：「上班時間為什麼在摸魚、做些無關緊要的事？請適可而止。」而是讓這些不知道在做什麼的不合格社員自由發展，創新就是在自由之下誕生的。

　　持續快速成長的 Netflix，全球的付費會員突破 2 億人（截至 2021 年 4 月）。Netflix 就是由徘徊螞蟻創造出來的成功企業。

　　由里德‧海斯汀（Reed Hastings）與艾琳‧梅爾（Erin Meyer）合著的《零規則》（*NO RULES RULES*），當我讀完這本書，才了解到 Netflix 的強項就是「零規則就是該企業的規則」。

　　Netflix 一開始是錄影帶出租店。當時在美國，其實有一間超大型的連鎖錄影帶出租店百視達（Blockbuster），而且百視達的門市都開在地段非常好的地點，做為後起之秀的 Netflix 想要與之抗衡，其實

一點贏面也沒有。

　　懷著「再這樣繼續下去會全盤皆輸」的危機感，Netflix 決定改變經營型態，放棄門市型態的錄影帶出租模式，改以郵寄的方式出租錄影帶。

　　如果只以單片計價郵送的話效率不佳，察覺這點的 Netflix，便推出了月費訂閱的方式。不過，這種做法又產生了其他問題。當它開始試行月租制時，剛推出的超人氣作品很快便被租光，完全沒有庫存。

　　為了消除顧客的不滿，Netflix 決定專攻利基市場，滿足「想要看所有小眾電影」這種需求的顧客，確保稀少作品的庫存，以提高顧客的滿足度。就好比是背景音樂這樣，有人喜歡螢幕上不斷播出自己喜歡的影片，對於顧客這樣的需求，Netflix 也做到了。

　　為了滿足那些想要看所有小眾電影的消費者，Netflix 分析了顧客租借錄影帶的資料，針對該位顧客下次可能會想要看的影片，提供推薦片單。

　　在滿足大眾需求的同時，也不放過能帶來長尾效應的利基少數派，盡力滿足他們的需求。

　　當 Netflix 做了這些努力時，隨時上網和高速上網

的基礎設施臻至成熟。Netflix 一邊擺脫百視達這個勁敵，同時開始發展自己的業務，拚命摸索「下一步」，不知不覺之間，Netflix 的經營方式逐漸成為主流。

只要能連上高速網路，就能在家中隨時欣賞自己想看的影片。「太棒了，現在踩下油門，盡可能調度資金，到處發放 Netflix 的機上盒。」現今 Netflix 的雛形於焉誕生。

Netflix 詳細分析了部分重度用戶偏愛的導演和演員的名字，以及深受喜愛的作品。

只要能善用那些資料，「這位演員演出的作品一定會看」、「這位導演的作品一定會看」、「我最喜歡看陰謀劇情的影片」，將這些需求結合在一起，有戰略地製作出賣座影片。

於是，Netflix 製作出了《紙牌屋》（*House of Cards*）這部超人氣的戲劇。除此之外，還接二連三推出許多原創電影和連續劇，關於這一點，不用我多說，想必大家都已經十分清楚。

這世上沒有未來的預測圖，雖然我們「無法預知未來」，但現在可以決定「未來」。

在沒有規矩的基礎下，Netflix 全心支持勇於冒險與挑戰的徘徊螞蟻。當發現「這裡有點不一樣」的時候，在過程中靈活地修正軌道。一旦確信「現在是出擊的時刻」，便一口氣丟下相當好幾十億日元的製作費用，製作原創的戲劇作品。Netflix 也因此成為超越好萊塢和迪士尼，不斷製作出超級強片的影音平台。

58

從「拼圖型」到「樂高型」的典範轉移

　　以過程為目的的過程商機，這樣的生活方式可以借用提倡「從正確主義變成修正主義」的藤原和博的話來說明，他說：「人生的經歷方式是從『拼圖型』轉變成『樂高型』。」

　　在變化激烈的時代裡，正確答案的形狀也隨時在改變。如果事先就決定正確答案，就不會有現在的Netflix。

　　到目前為止，大家習慣於拼圖遊戲，朝著一個已經確定的正確答案，將一片片的拼圖填滿。由於早已知道正確答案，所以被要求用更快、更精準的方式，朝著最

終的形狀努力拼完。

　　但是，組裝著不知道最後完成時會是什麼模樣的樂高積木，這樣的方式更適合當今的時代。

　　善用自己的長處，享受組裝的過程，把一個個積木堆疊上去。

　　就連自己也不知道最終目的地在哪，只是享受組裝的瞬間，並且全神貫注。你的熱情會感染周遭的人，吸引更多人加入。最終，你會來到連自己都想像不到的遙遠地方，為別人帶來快樂。

　　我們應該要為了「做出自己想要做的東西」而燃燒生命。

　　為了實踐全新的生活態度，生活在變化如此急遽時代裡的我們，過程經濟已經成為每個人的武器。

　　為了更具有創造力、更讓人怦然心動的未來，拿出你的堅持向前奔跑吧！我會衷心支持。

結語
還能解決地球永續發展的問題

　　正當先進國家針對地球溫暖化對策和碳中和提出主張時，2020 年 9 月上任的日本首相菅義偉宣布：「2050年之前，日本也要實現碳中和。」

　　為了達到碳中和的目標，我們必須從根本上改變目前依賴化石燃料（石油和煤炭）的能源配置。要大幅提升太陽能發電或是風力發電（再生能源）的占比，淘汰汽油汽車，改為電動車，能源革命和智慧城市化正是當務之急。

　　想要成為一座智慧化城市，本書所討論的過程經濟理論會非常有幫助。到目前為止，所謂的智慧化城市的構想都是強調「IT 化和自動駕駛讓生活變得更方便」、「自動且快速地將物品送達」等想法，著重在對生活「有幫助」的方面宣傳。不過，無論是 IT 化或是「有幫助」的這些做法，其他都市都能輕易複製。這也導致在巴黎或東京居住這件事，變得沒什麼意義。

　　拜新冠病毒疫情之賜，讓大家意識到「原來就算沒有辦公室，也能遠距辦公」。在過去因為相當重視居住的機能性，例如「地鐵相當密集」、「車站前有成城石井[*]」、「購物的選擇很多元」、「複合式電影院就在旁邊」等，所以人們選擇住在都市裡。

　　如果在網路上就能將大家連結在一起的話，上述的機能在鄉下也能達成。如此一來，都市之間的智慧化競爭就顯得不太有意義，頂多是居住的感受有差異。藉由過程經濟「打造一座有意義的都市」，社會將會朝這個方向改變。

　　在智慧都市的討論當中，「20分鐘城市」這樣的構想最近經常被提起。一個月只要付5000日元，就可以不限次數搭乘都市裡的自駕巴士，以及使用共享單車。如此一來，若要前往20分鐘以內能到達的場所，交通工具的選擇一下子就增加了不少。

　　「在沖繩的讀谷村有很多燒陶的工作室，因為可以體驗和陶藝家一起製作藝術品，對燒陶有興趣的人請一

---

*　以關東為中心的連鎖食品超市。

定要到讀谷村一遊。」

「在我的家鄉，有一座市場。農民會像說書人一樣，告訴消費者農作物是如何栽培的。在那裡，不但可以買到新鮮又好吃的食材，而且還能聽到農家的辛苦談。」

就像上述的例子，每個村鎮開始販售屬於自己的地方特色。

智慧城市化的進步為民眾的生活帶來了便利，而地方社群裡也因此流傳著一些感人小故事，既具個性又令人印象深刻。到當地拜訪的人，自然就會產生「很想住在這個很有意思的地方」的想法。

就像是樂高積木一樣，將以過程為目的的故事層層交疊，使得意義更為明顯，把真實的場所培育成「有意義的集結體」。將智慧型都市和過程經濟結合在一起的話，被認為是「極限村落*」而被看不起的地方城市，完全可以和都市相抗衡。隨著全球化和效率化伴隨而來的社會負面，至今還殘存在這個世界的許多地方。為

---

* 意指人口嚴重外流，導致村落空洞化、高齡化。

了要解決這個問題，聯合國以 2030 年為目標，提出了 SDGs（Sustainable Development Goals，永續發展目標）。

SDGs 不應該是被正確主義所驅動，而是要採取過程驅動，也就是「參加過程的這件事情本身是有趣的，有價值的」。要解決地球問題這個雄偉的目標，本書所介紹的過程經濟的想法，將會有所助益。

本書的內容取自於 2021 年 1 月到 3 月，我在 Zoom 會議上所演講的內容。我以當時的演講內容為基礎，同時又大幅增加內容，並加以修正和編輯。《過程商機》這本書的概念、演講的內容以及與出版社開會的過程，我都在個人的網路沙龍上公開了。

提筆寫書、進行編輯的這些過程，按照常理應該祕密作業，但我們完全不藏私，包括了目次該怎麼擬定、初期階段的開會內容，全部都對外公開。

一本書是如何誕生的？網路沙龍的各位會員從頭到尾跟著我，一起完成了這本書。身為作者，很高興能夠和大家分享這份喜悅，如果這個過程也能帶給各位快樂，我想這是再好不過了。

　　這本書的完成，我要感謝以下這些人士。包括谷川健介先生、西野亮廣先生、仲山進也先生、長尾張先生、藤原和博先生、山口周先生、清水 Han 榮治先生、青木耕平先生、安西洋之先生、佐渡島庸平先生、吉田浩一郎先生、伊藤羊一先生、澤圓先生、豬子壽之先生、堀田創先生、武田雙雲先生、岡崎 Katsuhiro 先生、岩崎一郎先生、川原卓巳先生等。他們可以說是我最喜歡的朋友，也是在各自以過程為目的的旅程上，相互激勵的夥伴。因為交換了彼此的故事，所以我才能在今天走到了這裡。非常感謝大家。尾原說的那些難以理解的話，多虧了荒井香織才得以變成文字轉換成書籍。

　　由於我和幻冬舍責任編輯箕輪厚介的對談，才有了這本書。最後，我要對陪伴我寫下這本書並且負責編輯工作，和我一起進行一段刺激冒險的箕輪先生，表達由衷的謝意。

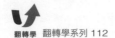

翻轉學 翻轉學系列 112

過程商機

分享 AI 無法生成、對手難以複製的日常，即使沒產品也能贏利！

プロセスエコノミー あなたの物語が価値になる

作　　　者　尾原和啓
譯　　　者　黃文玲
封 面 設 計　張天薪
內 文 排 版　黃雅芬
校　　　對　魏秋綢
出版二部總編輯　林俊安

出　版　者　采實文化事業股份有限公司
業 務 發 行　張世明・林踏欣・林坤蓉・王貞玉
國 際 版 權　鄒欣穎・施維真・王盈潔
印 務 採 購　曾玉霞・謝素琴
會 計 行 政　李韶婉・許俽瑀・張婕莛
法 律 顧 問　第一國際法律事務所　余淑杏律師
電 子 信 箱　acme@acmebook.com.tw
采 實 官 網　www.acmebook.com.tw
采 實 臉 書　www.facebook.com/acmebook01

I S B N　978-626-349-272-1
定　　　價　380 元
初 版 一 刷　2023 年 5 月
劃 撥 帳 號　50148859
劃 撥 戶 名　采實文化事業股份有限公司
104 台北市中山區南京東路二段 95 號 9 樓
電話：(02)2511-9798　傳真：(02)2571-3298

國家圖書館出版品預行編目資料

過程商機：分享 AI 無法生成、對手難以複製的日常，即使沒產品也能贏利！／尾原和啓著；黃文玲譯 .-- 初版 .-- 台北市：采實文化，2023.05
224 面；14.8×21 公分 .--（翻轉學系列；112）
譯自：プロセスエコノミー：あなたの物語が価値になる
ISBN 978-626-349-272-1（平裝）
1.CST: 網路行銷 2.CST: 電子行銷 3.CST: 行銷策略
496　　112005169

プロセスエコノミー あなたの物語が価値になる
PROCESS ECONOMY: ANATA NO MONOGATARI GA KACHI NI NARU by Kazuhiro Obara
Copyright © Kazuhiro Obara 2021
All rights reserved.
First published in Japan by Gentosha Publishing Inc.
Traditional Chinese translation copyright © 2023 by ACME PUBLISHING Ltd.
This Traditional Chinese edition is published by arrangement with Gentosha Publishing Inc., Tokyo c/o Tuttle-Mori Agency, Inc., Tokyo, through Keio Cultural Enterprise Co., Ltd., New Taipei City.

采實出版集團
ACME PUBLISHING GROUP
版權所有，未經同意不得重製、轉載、翻印

翻轉學

翻轉學